动物源食品中食源性致病菌及兽药多残留快速检测技术研究

DONGWUYUAN SHIPIN ZHONG SHIYUANXING ZHIBINGJUN JI
SHOUYAO DUOCANLIU KUAISU JIANCE JISHU YANJIU

白艳红 杜 娟 季宝成◎著

中国纺织出版社有限公司

图书在版编目（CIP）数据

动物源食品中食源性致病菌及兽药多残留快速检测技术研究 / 白艳红，杜娟，季宝成著 . -- 北京：中国纺织出版社有限公司，2023. 11

ISBN 978-7-5229-1212-7

Ⅰ. ①动… Ⅱ. ①白… ②杜… ③季… Ⅲ. ①动物性食品－致病菌－食品检验－研究②动物性食品－农药残留物－食品检验－研究 Ⅳ. ①TS251.7

中国国家版本馆 CIP 数据核字（2023）第 213623 号

责任编辑：毕仕林　国帅　　责任校对：寇晨晨　　责任印制：王艳丽

中国纺织出版社有限公司出版发行
地址：北京市朝阳区百子湾东里 A407 号楼　　邮政编码：100124
销售电话：010—67004422　传真：010—87155801
http://www.c-textilep.com
中国纺织出版社天猫旗舰店
官方微博 http://weibo.com/2119887771
三河市宏盛印务有限公司印刷　各地新华书店经销
2023 年 11 月第 1 版第 1 次印刷
开本：710×1000　1/16　印张：11
字数：195 千字　定价：98.00 元

前　言

　　民以食为天，食以安为先。虽然我国的动物源食品生产数量和增长速度已经连续十几年保持世界第一，而且在市场潜力、生产成本等方面具备优势，但是食品安全方面仍然与世界先进水平之间存在明显差距。作为引起动物源性食品安全危害频发的两个主要因素，食源性致病菌与兽药残留污染情况备受关注。开发动物源食品中食源性致病菌与兽药残留快速检测技术既是改变我国食品安全现状保障国民健康的重要途径，也是破除贸易壁垒扭转我国动物源食品进出口不利局面的有力武器。因此，本书以课题组近年来关于"动物源食品中食源性致病菌与兽药残留快速检测技术"研究成果为基础，着重介绍了食源性致病菌免疫层析试纸以及比色传感快速检测新方法，并概述了动物源食品中兽药多残留三聚氰胺海绵净化液质联用快速检测新技术。

　　本书由郑州轻工业大学白艳红教授统稿，内容由郑州轻工业大学白艳红、杜娟和季宝成三人共同完成。全书分为 4 章：第 1 章主要介绍了对动物源食品安全具有显著影响的食源性致病菌及兽药残留污染情况及其快速检测技术研究进展；第 2 章主要开发了基于胶体金、$\alpha\text{-}Fe_2O_3$ 多面体和荧光标记技术的单增李斯特菌免疫层析快速检测试纸条，并进一步构建了可同步检测单增李斯特菌、沙门氏菌和大肠杆菌 O157：H7 三种食源性致病菌的多通道免疫层析试纸条检测方法；第 3 章主要探究了基于磁分离技术的单增李斯特菌纳米金比色与荧光传感快速检测方法，并结合多重 PCR 技术研发了单增李斯特菌、沙门氏菌和大肠杆菌 O157：H7 三种食源性致病菌的同步快速比色检测技术；第 4 章主要开发了基于三聚氰胺海绵及其功能化衍生物的新型基质净化材料及方法，结合液质联用技术为动物源食品中兽药多残留快速检测提供了新思路。

　　笔者通过主持河南省重大公益专项（201300110100），在动物源食品中食源性致病菌与兽药残留检测技术方面积累了相关理论和应用技术基础。

　　由于笔者水平有限，书中难免存在疏漏和不当之处，敬请广大读者批评、指正。

著　者

2023 年 10 月

目　录

第1章

绪论

1.1 食品安全危害物概述

食品工业是我国国民经济的支柱产业和保障民生的基础性产业，产值一直稳居全国各行业首位，是国家经济发展水平和人民生活质量的重要标志。动物源性食品工业是食品工业的重要分支，我国动物源性食品总产量连年攀升，人均占有量达 142 kg。当前，人们对动物源性食品消费的需求已从数量安全到质量安全快速转变。

我国动物源性食品安全状况总体保持稳中向好的态势。随着城镇化的快速发展，消费者对动物源性食品的需求量迅速增加，对动物源性食品质量与安全的要求也不断提高。动物源性食品安全直接影响消费者的健康状况，同时也影响上游畜牧业的发展。一方面，养殖环节（如品种、饲料、养殖模式等）的差异导致动物源性食品质量与安全存在很大差异；另一方面，由于动物源食品含有丰富的蛋白质、脂肪、维生素等营养成分，容易受到微生物污染，此类污染会对动物源性食品的食用安全品质造成极大影响。此外，仍存在养殖环节违规违法使用兽药、禁限用兽药残留超标、流通环节人为使用、生产加工者对原料肉把关不严等现象。据食品安全事件舆情调查，发现约25%的食品安全事件问题源自动物源性食品行业。近年来由于人为因素，国内也发生了"瘦肉精""江西死猪""山东狐狸肉""病死鸭"等多起动物源性食品安全事件，无不时刻敲响着食品安全的警钟。特别是"瘦肉精"事件，使全国肉制品加工龙头企业双汇集团市值损失超过200亿元，对整个肉制品行业造成的损失无法估量。上述动物源性食品安全事件直接危害了人民群众的健康安全，严重打击了广大消费者的消费信心。动物源性食品安全已成为食品安全领域的关注热点，关乎国计民生和国际声誉，因此提升动物源性食品安全检测技术和保障能力也成为我国社会发展的重大战略需求。

　　动物源性食品本身具有营养丰富、水分含量较高等特点，在加工、流通等过程中极易发生微生物污染。食源性致病菌是造成动物源性食品生物性污染的最重要因素，主要包括沙门氏菌、大肠杆菌 O157：H7、单增李斯特菌等。国家食品安全风险评估中心的研究表明，我国冷冻肉糜制品中单增李斯特菌、金黄色葡萄球菌和沙门氏菌的总检出率为 13.73%。动物源性食品兽药残留情况日益严重，导致消费者人体耐药性增加、环境污染加重等问题。虽然国家监管部门颁布了《动物性食品中兽药最高残留限量》标准，但依然存在畜禽养殖环节过度依赖和违规、超范围、超限量使用兽药等现象，导致动物源性食品兽药残留情况日益严重，动物源性食品兽药残留已成为全社会关注的公共卫生问题。人们长期食用含兽药残留的动物源性食品后，会对人体造成损伤并引起体内耐药菌增加和肠道菌群失调，引发各种健康隐患。此外，兽药残留超标限制了我国畜产品的出口贸易，畜禽产品出口频频遭遇进口国以质量、卫生和技术标准为借口的技术性贸易壁垒，造成了巨大的经济损失。

　　欧盟等发达国家较早地开展了动物源性食品致病微生物和兽药残留的高通量、高灵敏度的快速检测技术和产品研发，并迅速占领了市场。2020 年 2 月，江南大学陈坚院士在谈中国食品科技面临的重大现状问题时指出："我国食品安全快速检测产品受国际认可不足 10%，致病菌等核心检测试剂和毒素标准物质高度依赖进口。复杂基质分离材料国产产品占比不足 15%，用于 8 种微生物快速检测的 84 个检测产品几乎没有国产产品。"

　　目前已有的动物源性食品安全快速检测技术仍存在着明显不足。一是快速检测方法的前处理比较简单，动物源性食品基质干扰较大，往往造成"假阳性"和"假阴性"问题，快速检测方法的灵敏度与准确性仍需进一步提高。二是我国动物源性食品安全快速检测技术标准和规范相对缺乏。目前，市场上用于动物源性食品安全监控的快速检测方法没有统一标准，其检测结果的准确性和有效性无法保证，缺乏公信力。三是已有快速检测技术和产品局限性较大，以定性为主且主要依靠人工判读，结果的准确性和重复性均无法保障，数据不便统计保存，难以进行宏观动态分析监测。因此，加快动物源性食品快速检测方法技术研发，建立相关快速检测方法的技术规范，并形成相应统一的快速检测标准，对于提高动物源性食品行业的食品安全检测水平具有重要的意义。

　　《中华人民共和国食品安全法》（2018 版）赋予了食品快速检测的法律地

位。2019 年 12 月 24 日，国家市场监督管理总局起草了《关于规范使用食品快速检测的意见》（征求意见稿），在政策上规范了食品快检工作。在技术层面上，为规范食品快速检测方法的使用，2017 年 5 月，原国家食品药品监督管理总局组织制定了《食品快速检测方法评价技术规范》，并陆续征集和发布了一系列食品快速检测方法，其中包括动物源性食品中克伦特罗、莱克多巴胺及沙丁胺醇的快速检测胶体金免疫层析法。这些规范逐步完善了食品快速检测方法的技术标准，从而为进一步解决制约快检行业发展和应用的障碍奠定了基础。为充分贯彻习近平总书记"三个面向"总要求，深入落实党中央关于科技创新的重大战略部署以及《国家"十四五"发展规划》中的食品安全战略措施，需要聚焦动物源食品致病性微生物和兽药残留快速检测技术产品研发，重点突破多种致病菌的"高效富集识别""试纸条高灵敏度快速同步检测"以及兽药多残留的"复杂基质净化"等关键技术，打破国外垄断，解决目前我国快检产品严重依赖进口、灵敏度低、产品检测种类单一等问题，为动物源性食品安全危害物快速检测提供理论依据和技术支撑，显著提升我国动物源性食品安全快速检测技术的研发与应用水平。

1.2　食源性致病菌快速检测技术的研究进展

世界卫生组织估计，全球每年有 3300 万人因食用不安全食品而患病，食源性致病菌的出现是发生食品安全问题的一个重要原因。近年来，由单增李斯特菌（*Listeria monocytogenes*）、沙门氏菌（*Salmonella* sp.）和大肠杆菌 O157∶H7（*Escherichia coli* O157∶H7）等致病菌引起的食源性疾病发病率显著增加，主要与生肉、蛋、奶和家禽等动物源产品有关。其中，单增李斯特菌因其较高的死亡率而成为最严重的食源性致病菌之一，该菌可以在高盐度、低 pH、低水活度和冰箱温度（2~4℃）下生长，容易污染生肉、乳制品和即食肉制品等食物，从而引起食物中毒。65 岁以上的老人、新生儿、孕妇及免疫系统较弱的人易患李斯特菌病，高危人群的死亡率高达 30%，因此造成较大的公共卫生威胁和医疗负担。沙门氏菌广泛存在于生肉、新鲜农产品、生鸡蛋等食物中，沙门氏菌食物中毒主要会引起急性胃肠炎，并伴随产生畏寒、头晕头痛、痉挛性腹痛、恶心和呕吐腹泻等症状，每年约造成 100 万例食源性感染，对人类健康和社会经济造成严重影响。大肠杆菌 O157∶H7 是肠出血性大肠杆菌的一种常见血清型，可产生 I 型或 II 型志贺毒素，并引起严重的食源性疾病。因此，建立快速、精准、高灵敏的食源性致病菌检测方法对保障动物源食品安全至关重要。

目前，食源性致病菌的分析方法主要包括基于常规培养的方法、基于分子学的检测方法、基于免疫学的检测方法和生物传感器等。这些检测技术的发展提高了食源性致病菌检测的灵敏度、缩短了检测的时间。但动物源性食品样品基质复杂，对分析方法的干扰较大，开发可以消除食品基质干扰、富集检测目标的样品前处理措施，是提高食源性致病菌检测灵敏度和准确性的关键步骤。

1.2.1　食源性致病菌样品前处理技术的研究现状与发展趋势

开发高效的样品前处理方法对食源性致病菌快速、精准、高灵敏检测至关重要。基于免疫磁珠（immunomagnetic beads，IMBs）的免疫磁分离（immunomagnetic seperation，IMS）技术，具有磁响应性强、生物兼容性好、易于修饰、靶向特异性强、分离速度快、操作简单等优点，在食品样品前处理领域具有广泛的应用前景。该技术可以将目标菌从复杂的食品基质中分离出来，在富集的同时有效地消除食品基质对后续检测的干扰。与增菌培养、离心和过滤等前处理方法相比，磁分离技术利用磁珠的磁响应性和生物兼容性，实现对致病菌精准、快速的分离和富集，是较为理想的样品前处理手段。

近年来，研究人员将免疫磁分离技术与其他检测技术相结合，开发出多种快速检测食品中致病菌的方法。Fan 等建立了一种结合免疫磁分离和实时 PCR 的新技术，用于快速准确检测肉类样品中的单增李斯特菌。其中，磁珠表现出较高的捕获效率和良好的重复性。无细菌富集时，单增李斯特菌的检出限为 1.3×10^2 CFU/g，富集 5 h 后，相应的检出限降低到 1.3 CFU/g。Xiao 等制备了一种聚乙烯亚胺包被修饰的正电荷磁性纳米颗粒，通过静电相互作用快速富集单增李斯特菌。在较宽的 pH 值范围和离子强度下，富集过程仅需 10 min，捕获效率超过 70%。在优化条件下，单增李斯特菌在生菜中的检出限低至 10^1 CFU/mL，较无磁富集时灵敏度提高了 100 倍，表明免疫磁分离技术在提高检测灵敏度方面具有很大的应用潜力。

磁分离技术的功效受磁珠尺寸、表面生物识别元件的负载量和亲和力、分离参数等影响，尤其是食品基质和背景杂菌的干扰会降低磁分离效率。研究表明，当磁珠粒径在 100～1000 nm 内时，对大肠杆菌的捕获率随尺寸的减小而增加。免疫磁珠对纯培养肠炎沙门氏菌的捕获率为89%，然而在鸡肉中的捕获率降至44%，甚至在具有高浓度背景杂菌的香肠中对单增李斯特菌的捕获率仅不到5%，这限制了该技术在肉品检测中的推广应用。因此，迫切需要建立一种针对食品基质的高效磁分离前处理方法，从而降低检测干扰因素，提高检测灵敏度和缩短检测时间。

开发新型磁性材料、提高功能化修饰负载量是改善磁分离效率的有效途径。磁性金属有机框架（magnetic metal-organic frameworks，MMOFs）是将磁性纳米粒子与MOFs结合制备的磁性MOFs复合材料，不仅具有MOFs的结构可调、高比表面积、可修饰性强等特点，还增加了磁分离特性，克服了免疫磁珠易发生聚集的缺点，在样品前处理领域的应用具有较大潜力。Fe_3O_4作为常见的磁性材料，广泛用于吸附领域，其可以和MOFs材料复合构建磁性复合材料，在外加磁场的作用下，实现快速的磁性分离，实现有效回收，提升材料的重复使用率，是一种环保的绿色方法。冯军军采用溶解热合成法成功制备了$Fe_3O_4@UiO-66-NH_2$，该MMOFs材料具有较大的比表面积（317 cm^2/g）和超顺磁性，可实现对实际样品中4-氯苯氧乙酸的快速、高效吸附与分离。Huang等合成的磁性复合材料$Fe_3O_4@SiO_2@HKUST-1$对重金属汞离子具有极高的选择性，在90 min内对汞离子的吸附率高达99%。Wang等的研究表明，MMOFs具有高比表面积和孔隙率，可以提高适配体的修饰量，从而增加了对靶细菌的捕获率。以上均显示出MMOFs材料在食源性致病菌检测方面的巨大潜力。

1.2.2 食源性致病菌检测技术的研究现状与发展趋势

1.2.2.1 基于传统培养的检测方法

传统培养法主要包括增菌培养筛选及后续技术检验、细菌间生化反应鉴定、形态结构鉴定等检测技术。这些传统的检测方法技术成熟、准确性高，是目前卫生监管机构广泛应用的检测方法。传统培养法虽然是病原微生物检测的金标准，但是随着食品安全检验要求的不断提高，该方法逐渐呈现出各种弊端。例如，在实际应用中对操作人员技术水平要求较高，检测周期长（需2~20 d），属内种间生化差别不明显、特异性不足，且不适用于大规模样本的快速检测。因此需要开发一种简单、快速、灵敏、准确且能够检测大量样品的方法。

显色培养法是在传统菌落培养法的基础上进行改进的检测方法，通过鉴定特定细菌的代谢产物来间接测定菌株。预先在培养基中加入酶相对应的显色底物，当细菌在培养基中增殖时，显色底物会渗入细菌细胞内被酶解后产生颜色，从而使细菌呈现不同的颜色。该方法省去了对菌株的分离和纯培养的步骤，不足之处是无法同时鉴定具有相同代谢酶的菌株，且不能鉴定代谢酶未知的菌株类型。

干片培养法是利用某些特定材料作为载体，将培养基和显色物质附着在载体上面。通过微生物在培养基上的显色反应和生长特性实现鉴定。这种方法简便、直观，目前已达到常规定量检测的要求。美国 3M 公司生产的 Petrifilm 系列真菌、细菌、霉菌和酵母菌测试片应用较为广泛。但是这种测试片价格相对较高，另外食品中的一些物质也会和测试片产生颜色反应，影响检测结果。

1.2.2.2　基于免疫学的快检技术

免疫学技术是通过抗原与相应抗体之间特异性结合来检测目标物质。这种特异性免疫识别的检测方法具有快速、灵敏的特点，已广泛应用于食源性致病菌的检测。免疫学检测技术主要包括酶联免疫吸附检测法、侧流免疫层析技术和免疫荧光技术等。

（1）酶联免疫吸附检测法。酶联免疫吸附法是在检测过程中用酶对抗原或者抗体进行标记，使其与相应的抗体或者抗原发生特异性结合，催化底物显色实现定性或定量检测。Shim 等开发了一种基于单克隆抗体的单增李斯特菌间接 ELISA，在较短的富集时间内，对食品中单增李斯特菌的检测限为 10^5 CFU/mL，但对其他李斯特菌菌株存在交叉反应。Liu 等以定向良好的单链抗体为捕获抗体，兔多克隆抗体为检测抗体，建立了一种高特异性的单增李斯特菌夹心 ELISA 方法，该方法对纯培养物的检测限为 10^6 CFU/mL。

（2）侧流免疫层析技术。侧流免疫层析技术是一种建立在层析技术和免疫反应基础上的快速诊断技术。它主要依赖于抗原–抗体的特异性识别作用，具有操作简单、方便快捷、可视化检测能力强和可现场分析的优点。其中，胶体金（gold nanoparticles，AuNPs）是传统免疫层析技术的主要标记物，由其标记的免疫层析试纸条已广泛应用于检测领域。黄岭芳等研制了大肠杆菌 O157：H7 胶体金快速检测试纸条，检出限为 10^4 CFU/mL。彭喆等开发了一种胶体金免疫层析试纸条检测食品中的沙门氏菌，检出限为 1.1×10^7 CFU/mL。Shi 等将超顺磁磁珠与免疫层析试纸条结合，开发了一种快速准确的检测单增李斯特菌方法，该方法使用一对匹配的单克隆抗体构建三明治免疫分析法，其中超顺磁颗粒与其中一个抗体偶联作为标记抗体捕获目标细菌，而另一个抗体固定在检测区。结果表明，该方法拥有良好的特异性，检出限为 10^4 CFU/mL。目前免疫层析技术检测食源性致病菌的灵敏度需要进一步提升。

（3）免疫荧光技术。免疫荧光技术是将不影响抗原抗体活性的荧光色素标记在抗体（或抗原）上，与其相应的抗原（或抗体）结合，在荧光显微镜下观察特异性荧光反应。与 ELISA 相比，免疫荧光技术检测时间更短，灵敏度更高，但该技术操作繁琐，实验成本高。

1.2.2.3　基于分子生物学的快检技术

分子生物学检测法是快检中的一个主要科学领域，利用基于互补性和亲和力的分子之间相互作用的特性进行检测，分子生物学检测技术因灵敏度高、特异性强、操作简单快速的优点而被广泛研究。目前分子生物学检测技术主要有聚合酶链式反应（polymerase chain reaction，PCR）技术、环介导等温扩增（loop-mediated isothermal amplification，LAMP）技术、基因芯片技术等。

（1）PCR 技术。PCR 是将 DNA 模板以及引物混合，再加入适量聚合酶，在 94 ℃使 DNA 裂解为单链，在 50~65 ℃范围内发生退火，在 72 ℃延伸，使引物与 DNA 模板结合，经过 30 次左右循环，可得 PCR 产物。多重 PCR（multiplex PCR，mPCR）是将多个模板与多条引物混合于同一反应体系中，并分别进行特异扩增，形成不同的目标条带。实时荧光定量 PCR（real-time PCR，RT-PCR）是在 PCR 扩增过程中，通过荧光信号，对 PCR 进程进行实时检测。

Amagliani 利用常规 PCR 技术对接种并富集 24 h 后的猪肉香肠中的单增李斯特菌进行检测，检出限可达 1 CFU/g。关正萍等利用 mPCR 技术建立了同时快速检测 5 种致病菌的方法，检出限为 10^3 CFU/mL。Alarcón 等开发了一种多重 PCR 检测金黄色葡萄球菌、沙门氏菌和单增李斯特菌的方法，在浓缩 6 h 后可以检测到 260 CFU/mL 的金黄色葡萄球菌、79 CFU/mL 的单增李斯特菌和 57 CFU/mL 的沙门氏菌。Chen 等建立了一种用于鉴定单增李斯特菌 ST121 菌株的多重 PCR 方法，检出限为 253 fg/μL 基因组。Jin 等使用 RT-PCR 鉴定食物样品的单增李斯特菌，检出限为 10^2 CFU/mL。

（2）LAMP 技术。LAMP 技术是一种基于聚合酶的链置换活性在等温（65 ℃左右）下发生 DNA 扩增的技术，LAMP 技术对仪器的要求较低，不需要专门的 PCR 仪器，只需要一个水浴锅就可以 DNA 扩增，可实现现场快速检测，并且检测成本低于实时荧光定量 PCR。陈清莹建立了一种可同时检测单增李斯特菌和金黄色葡萄球菌的基于淬灭基团释放的 LAMP 检测方法，单增李斯特菌和金黄色葡萄球菌的检出限分别为 7.3×10^2 CFU/mL 和 2.3×10^2 CFU/mL。Tang 等开发了针对单增李斯特菌 hlyA 基因的高特异性和高灵敏度的 LAMP 分析，通过使用钙黄绿素和锰来观察颜色变化从而使结果可视化，与常规凝胶电泳相比节省了时间。

（3）基因芯片技术。基因芯片技术的原理是基于细菌基因的碱基互补配对原则进行检测。与传统的生物检测技术相比，基因芯片技术具有快速、所需样品少的优点，但是该项技术在使用过程中需要昂贵的设备仪器，且芯片的成本较高。黄爱华等基于链霉亲和素修饰的 CdSe/ZnS 量子点标记的基因芯片技术建立了食源性致病菌的检测方法，检出限为 10 CFU/mL。左秀华建立一种基因芯片结合多重 PCR 技术检测致泻性大肠杆菌的方式，检出限为 10^4 CFU/mL。Guo 等基于沙门氏菌的抗原研发出了一种高通量的基因芯片，可以辨别沙门氏菌 40 多种血清型。基于分子生物学的检测方法虽然具有特异性强和灵敏度高的优点，但是也存在操作复杂、容易污染出现假阳性或假阴性、对操作人员的专业性要求较高、试剂耗材费用大等缺点。

1.2.2.4　生物传感器检测技术

生物传感器是一类用于检测特定分析物的分析设备，通常由生物识别元件、换能器和电子检测器系统组成。生物识别元件是生物传感器的关键，其主要可以分为 6 类，包括抗原/抗体、酶、核酸、细胞受体、仿生受体和噬菌体，其作用是识别并捕获目标分析物。换能器是一种基于光学、电化学、压电、磁力和温度等一种或多种技术结合而设计成的信号转换器，用于将生物识别元件捕获目标分析物后产生的生物信号转换为可测量的电子信号。电子检测器系统的作用是将换能器转换成的信号进行处理和分析，从而得到实验分析数据。生物传感器首先利用生物识别元件识别目标分析物，然后通过换能器将生物识别元件捕获目标分析物后发生的反应转换成等效的电子信号，最后由电子检测器系统将信号进行处理和分析，从而得到分析结果。与各种传统的检测方法相比，生物传感器法因其简便、经济、高效等优点而备受青睐。此外，生物传感器法能通过肉眼检测，不需要任何复杂的仪器，因此该方法适用于现场检测，具有广阔的应用前景。

（1）电化学生物传感器。按照信号转换器的分类，电化学生物传感器（electrochemical biosensor）是一种以电化学为信号转换方式的传感器。

Oliveira 等制备了一种新型的硫酸盐纳米刷材料检测单增李斯特菌，该材料将电极的平均电活性表面积显著提高了 7 倍，并保持了海藻酸盐的驱动特性。此外，该方法在复杂的食物基质中的检出限为 5 CFU/mL，是迄今为止单增李斯特菌生物传感效率最高、速度最快（17 min）的材料之一，并且不需要对样品进行预处理，构成了一种有前景的小分子或细胞传感平台。Sannigrahi S 等将抗 LLO 抗体与磁小体直接结合，开发出一种快速检测食物样本中的单增李斯特菌方法，其中，磁体-抗体复合物使用外部磁铁直接稳定在丝网印刷的电极上，电极表面的电阻随着 LLO 蛋白浓度的增加而明显增加。该生物传感器的特异性在与其他食品病原体的交叉反应试验中得到证实。在水和牛奶样品中的检出限均为 10^1 CFU/mL。

（2）表面等离子体共振生物传感器。表面等离子体共振生物传感器（surface plasmon resonance biosensor，SPR biosensor）是一种基于金属薄膜的物理光学现象，当光在棱镜与金属膜表面上发生全反射时，形成的消逝波与介质表面等离子波发生共振，从而引起反射光强度的大幅度减弱。这种光学现象会受到介质界面折射率的影响，SPR 生物传感器正是基于这一原理，将生物识别分子结合在金属表面，通过影响 SPR 现象来实现检测的目的。SPR 生物传感器具有免标记、灵敏度高和检测速度快等优点，在食源致病菌检测领域具有较好的应用前景。Zhou 等建立了一种基于纳米银-还原氧化石墨烯（silver nanoparticles-reduced graphene oxide，AgNPs-rGO）结合抗菌肽（antimicrobial peptides，AMP）的 SPR 生物传感器用于检测水和果汁中大肠杆菌 O157：H7，AMP 是一种具有抗菌活性的多肽物质，它可以选择性地识别大肠杆菌 O157：H7 生物膜表面的脂多糖，并结合在其表面。通过化学方法在 AgNPs-rGO 表面覆盖一层薄金膜，以增强 SPR 信号，并通过 Au-S 键的作用将 AMP 固定在光纤膜上用于捕获大肠杆菌 O157：H7。当大肠杆菌 O157：H7 被捕获时，光纤表面的等离子体吸收峰发生移动，通过对吸收峰变化的监测来实现对大肠杆菌 O157：H7 的检测。该方法对肉汤培养液中大肠杆菌 O157：H7 的检测限为 $5×10^2$ CFU/mL。Liu 等采用抗体功能化的免疫磁珠建立了一种夹心免疫测定法来检测蛋壳中的肠炎沙门氏菌，功能化的免疫磁珠既可以特异性识别肠炎沙门氏菌，又可以增强表面等离子体检测信号。通过外部磁场的作用富集肠炎沙门氏菌，将肠炎沙门氏菌-磁珠复合物直接流过经抗体修饰的芯片表面，复合物与芯片上的抗体结合形成双抗夹心模式捕获肠炎沙门氏菌，免疫磁珠通过影响芯片的折射率而引起 SPR 信号变化。该方法在 PBS 中检测限低至 14 CFU/mL，在蛋壳样品提取液中的回收率为 92. 76% ~ 113. 25%。SPR 生物传感器是食源性致病菌检测中应用较多的一类生物传感器，然而细菌细胞质与水的折射率相似，在一定程度上限制了检测的准确性，且 SPR 生物传感器在实验室测试中仍需要大型的设备。

（3）荧光生物传感器。荧光生物传感器是指通过荧光染料、碳量子点或其他具有荧光效应的材料标记被检测物体，并以荧光信号为检测信号的一类生物传感器。相比电化学生物传感器，荧光生物传感器设备简单且响应速度快，结合新型纳米材料能消除背景荧光，提升信噪比。Wang 等运用多色镧系元素掺杂的时间分辨荧光（time-resolved fluorescence，TRFL）生物传感器用于检测金黄色葡萄球菌和鼠伤寒沙门氏菌，将针对金黄色葡萄球菌和鼠伤寒沙门氏菌特异性的适配体修饰在 NaYF4：Ce/Tb 和 NaGdF4：Eu 纳米材料上用于识别金黄色葡萄球菌和鼠伤寒沙门氏菌，并将两种适配体修饰在纳米磁珠上用于捕获金黄色葡萄球菌和鼠伤寒沙门氏菌。加入样品后，适配体与菌结合从而形成既带有荧光纳米材料又带有磁性纳米颗粒的复合物，经过磁分离作用后，对复合物的荧光进行检测以实现对这两种致病菌的定量检测。结果表明该方法对 PBS 中金黄色葡萄球菌和鼠伤寒沙门氏菌的检测限分别为 20 CFU/mL 和 15 CFU/mL，在加标的牛奶样品中的检测也显示出了优异的分析性能。Hu 等设计了一种纳米荧光微球的双抗夹心模式用于快速检测大肠杆菌 O157：H7，通过化学方法将荧光素固定于 SiO_2 纳米微球内，并将针对大肠杆菌 O157：H7 特异性的抗体修饰于磁珠和 SiO_2 纳米微球表面，从而用于识别和捕获大肠杆菌 O157：H7。通过磁分离富集后加入 NaOH 以释放 SiO_2 微球中的荧光素来反映大肠杆菌 O157：H7 的浓度。在最优条件下该方法在 PBS 中的检测限低至 3 CFU/mL，且检测时间可控制在 75 min 内，牛奶中的加标回收率为 90. 47% ~ 117. 32%。荧光生物传感器灵敏度较高，适用于检测浓度较低的分析物，实际检测应用中常以试剂盒和试纸条的形式存在。

（4）生物发光传感器。生物发光是指生物体内的物质在酶的作用下将化学能转化为光能的现象，其中应用较广泛且灵敏度较高的是 ATP 生物发光。该方法的核心是荧光素在 Mg^{2+} 和 O_2 的作用下被荧光素酶催化并氧化成激发态，产生荧光，根据此设计的 ATP 生物传感器具有灵敏度高和可在线检测的特点。Zhang 等建立一种 ATP 生物发光生物传感器用于检测食品基质中的大肠杆菌，抗体修饰的纳米磁珠特异性识别大肠杆菌，在外部磁场的作用下富集，加入细胞裂解试剂分解细胞壁以释放 ATP，并在荧光反应试剂（fluorescence reaction reagent，FRR）作用下产生荧光实现检测，该方法可在 20 min 内实现检测，在缓冲液中的检测限为 3×10^2 CFU/mL。同时，该生物传感器适用于各种食品样品。Kim 等建立了光热裂解 ATP 生物发光生物传感器用于快速、灵敏地检测多种致病菌，在金纳米棒上修饰不同的抗体，用于识别不同致病菌，然后运用近红外辐射（near-infrared irradiation，NIR）技术引起的局部加热靶向裂解致病菌以释放 ATP，最后通过便携式发光计测量发光强度来实现对多种致病菌的检测。相比上述 ATP 生物发光法，该方法经过 NIR 技术处理后灵敏度显著提高，对 PBS 中大肠杆菌 O157：H7、鼠伤寒沙门氏菌和单增李斯特菌的检测限分别为 12.7 CFU/mL、70.7 CFU/mL、5.9 CFU/mL。生物发光传感器具有检测速度快、灵敏度高的特点，然而实际样品基质复杂，一定程度上影响了检测结果的准确性。

（5）表面增强拉曼散射生物传感器。拉曼光谱是指单色光照射在一些物质上时，光子与物质分子发生碰撞，光在散射后变化而产生的散射光谱，而表面增强拉曼散射（surface-enhanced raman scattering，SERS）是指将物质分子吸附在金属或纳米粒子表面时，拉曼信号增强的现象，SERS 比普通的拉曼散射具有更高的灵敏度，可实现单分子检测。Zhang 等运用 SERS 技术同时检测鼠伤寒沙门氏菌和金黄色葡萄球菌，将针对两种致病菌的适配体和不同的拉曼信号分子修饰于金纳米粒子表面，同时将两种适配体修饰在纳米磁珠上作为捕获元件。当加入待测菌后，适配体与目标菌特异性结合，形成夹心结构，经过磁分离富集后，通过读取不同的拉曼信号来定量检测两种致病菌。该方法可在 3 h 内完成检测，对缓冲液中鼠伤寒沙门氏菌和金黄色葡萄球菌的检测限分别为 15 CFU/mL 和 35 CFU/mL，在加标的猪肉样品中的回收率为 94.12% ~ 108.33%。Duan 等建立了基于金核银壳纳米材料结合 SERS 技术用于检测鼠伤寒沙门氏菌，将适配体同时修饰在金核银壳纳米粒子和 X-罗丹明上用于结合鼠伤寒沙门氏菌，当反应体系中鼠伤寒沙门氏菌逐渐增加时，金核银壳纳米粒子和 X-罗丹明更多地结合鼠伤寒沙门氏菌，信号探针增加，从而拉曼散射强度增强。通过对拉曼散射信号的监测来实现对鼠伤寒沙门氏菌的定量检测，结果表明该方法在结合缓冲溶液中的检测限为 15 CFU/mL，在牛奶样品中的加标回收率为 96.7% ~ 99.8%。SERS 是拉曼光谱和纳米技术的结合，已有研究报道通过金属阳离子与细菌表面的静电相互作用作为沉积纳米粒子的驱动力，可在 10 min 内完成细菌检测。

（6）基于纳米金颗粒的比色传感检测方法。纳米材料主要是指纳米尺度

(1~100 nm)内的一类材料，其具有独特的物理和化学性质，可以通过改变它们的形状、尺寸、化学组成及表面官能团等因素来调节其光学、磁学、电学、热学及生物学性能，尤其是纳米材料具有远远高于宏观材料的比表面积，因此可以提供较大的空间在其表面修饰上不同的分子，使得它们在生物传感器和生物分析等方面具有较为重要的应用价值。其中由于纳米金具有独特的光电子特性、较大的比表面积、优异的生物相容性和低毒等特性，这些特性使其成为生物传感技术的首选纳米材料。

生物传感器具有检测速度快、操作简单和灵敏度高等优点，与其他检测方法相比，基于纳米金的比色法无须昂贵、复杂的仪器就能够直接通过肉眼观察颜色变化，读取检测结果。因此，该方法极大地简化了操作步骤、缩短了检测时间、降低了检测成本，具有良好的发展前景。为了提高检测灵敏度，通过与基于纳米金的比色方法相结合，可以设计各种放大信号的检测方法。尽管基于纳米金的比色传感器非常简单有效，但它们通常只用于单目标检测。同时检测同一溶液中的多种分析物引起了研究者的广泛关注。随着材料科学和分析技术的不断发展，基于纳米金的比色传感器用于多个食源性致病菌的同步检测具有广阔的应用前景。

1.3 兽药多残留快速检测技术的研究进展

1.3.1 动物源性食品兽药多残留快速检测技术研究进展

动物源性食品是人体各种营养元素的重要来源，主要包括肉类、蛋类、奶类及其制品等。长期以来，人们对动物源性食品的需求不断提高，对其安全性的关注度也随之增加。兽药可预防、治疗动物疾病并促进其生长，在保障我国畜牧业持续高速发展方面发挥着重要作用。但研究表明，动物源性食品是人体无意中摄入兽药残留的主要来源，兽药滥用导致的药物残留问题严重影响动物源性食品的安全。长期摄入兽药残留超标的动物源性食品不仅易对人体造成毒性作用、过敏和变态反应、三致作用等直接危害，还会影响肠道健康及造成细菌耐药性增强等一系列不良反应。因此，我国农业农村部、国家卫生健康委员会及国家市场监督管理总局于 2019 年 9 月联合发布《食品安全国家标准 食品中兽药最大残留量》，对动物源性食品中兽药最大残留限量做了严格、详细的规定。然而，动物源性食品中的兽药残留水平低，种类多，待筛查样本量大，因此发展快速、高灵敏度、高准确度、高通量的兽药多残留分析方法对于保障动物源性食品安全非常重要。

兽药检测方法主要包括电化学法、荧光分析法、表面增强拉曼光谱法、表面等离子体共振分析法以及仪器分析法等。近年来发展了多种可用于现场快速分析的兽药残留检测手段，如微流控纸芯片技术、电化学和荧光生物传感器方法等，这些方法具有价格低、制备简单、样品需求量少等优点，受到广泛关注。然而，上述方法在实际使用中也存在一些缺陷和不足，如基于胶体金的纸芯片质量控制困难、灵敏度低、不易定量等。基于兽药分子特征，液质联用（LC-MS）技术拥有良好的准确性、重现性以及高灵敏和高通量特征，为兽药多残留分析提供了强有力的技术支撑，逐渐发展为兽药多残留分析的确证技术和理想手段。但动物源性食品种类多样、基质组成较复杂，易对 LC-MS 联用技术电喷雾离子化过程造成干扰，影响检测结果的准确性和灵敏度。因此，需要对待测样品进行适宜的基质净化前处理，以减弱和消除基质效应。

1.3.2　液质联用检测动物源性食品兽药残留基质净化技术研究

1.3.2.1　液—液萃取技术

液—液萃取技术（Liquid-Liquid Extraction，LLE）通过向样品溶液中加入与其互不相溶的溶剂，利用待测组分与干扰基质在溶剂中溶解度的不同，达到分离和净化的目的，该技术已较广泛地应用于动物源性食品的基质净化前处理。H. N. Jung 等使用乙酸-乙腈溶液［V（乙酸）：V（乙腈）= 1：99］作为提取液，采用乙腈饱和正己烷脱脂，结合高效液相色谱-串联质谱（HPLC-MS/MS）技术同时测定了鳗鱼、比目鱼和虾中氯生太尔、氯硝柳胺、硝碘腈酚等 12 种驱虫药，发现该技术在 $5 \sim 50 \ \mu g/kg$ 浓度范围内线性关系良好，基质效应适中（$-99.47\% \sim 51.98\%$），回收率介于 $61.58\% \sim 119.37\%$（相对标准差 $\leqslant 19.05\%$），检出限和定量限分别为 $0.3 \sim 1.6 \ \mu g/kg$ 和 $1.0 \sim 5.0 \ \mu g/kg$，具有较好的准确性和灵敏度。虽然 LLE 技术对实验条件和仪器要求不高，简单易行，但该技术基质净化能力和净化选择性相对较弱，通常需要消耗大量的有机溶剂，易造成环境污染、危害实验人员身体健康等问题。

1.3.2.2　分散液-液微萃取技术

分散液-液微萃取技术（Dispersive Liquid-Liquid Microextraction，DLLME）

使用分散剂提升了萃取剂在水相中的分散度，增加了水相与萃取剂的接触面积，可加速目标化合物在样品溶液与萃取剂之间的溶质传递进程。L. Vera-Candioti 等分别使用 250 μL 二氯甲烷和 1250 μL 乙腈作为萃取剂和分散剂，用于萃取猪血中维布沙星、二氟沙星、恩诺沙星等 9 种氟喹诺酮类药物。研究发现，溶液 pH 值能够显著影响氟喹诺酮类药物分子的萃取效率，当在 500 μL 猪血中添加 40 μL 浓度为 0.2 mol/L 的 HCl 溶液时（pH 值为 6.8），可获得最佳的萃取效果。J. J. Gao 等使用新型 1-丁基-3-甲基咪唑-3-萘甲酸盐（［C_4MIM］［NPA］）和传统 1-乙基-3-甲基咪唑四氟硼酸盐（［C_2MIM］［BF_4］）这两种离子液体作为混合分散溶剂，开发了可用于牛奶和鸡蛋中四环素类兽药（TCs）残留的 DLLME 检测技术。研究发现，［C_4MIM］［NPA］在水溶液中呈强酸性，既可起到 pH 值调节剂的作用，还可提供非极性环境，从而提高对 TCs 的回收率。作为一种新型的样品前处理技术，DLLME 具有操作简单快速、成本低、试剂消耗少、回收率和富集效率高等优点，近年来在动物源性食品兽药残留检测中显现出良好的应用前景，但该技术的选择性较差，且主要应用于液态食品检测中。

1.3.2.3 固相萃取技术

固相萃取技术（Solid-Phase Extraction，SPE）主要基于待测组分和干扰基质在固相萃取剂上作用力的不同，从而达到净化的目的，具有净化效果好、适用性广、特异性强、分析结果准确等优点。常用的固相萃取剂有硅胶、氧化铝、十八烷基键合硅胶（C18）、环己基填料等，操作步骤主要包括平衡、加样、净化和洗脱 4 个部分，目前已成功应用于多种动物源性食品的基质净化。P. Y. Liu 等先分别使用甲酸-乙酸乙酯溶液［V（甲酸）∶V（乙酸乙酯）= 2∶98］和丙酮对猪肉中的磺胺类药物进行两步萃取，再采用 Oasis MCX 混合阳离子固相萃取柱对样品进行净化，最后结合超高效液相色谱-串联质谱（UPLC-MS/MS）技术检测猪肉中的 11 种常见磺胺类药物。研究发现，待测药物在 20~400 μg/kg 浓度范围内均表现出良好的线性关系，检出限、定量限的浓度范围分别为 0.1~1.0 μg/kg 和 0.2~3.0 μg/kg，且在 50 μg/kg、100 μg/kg 和 150 μg/kg 加标水平下，其回收率均处于 79.3%~105.5%。SPE 技术在动物源性食品前处理中应用广泛，能够快速、简便、高效地去除多种干扰基质，达到分离和富集待测组分的目的，可有效解决传统 LLE 技术所需样品量大、易乳化、提取体积不准确等问题。此外，SPE 技术已实现了操作自动化，越来越广泛地应用于大批量食品安全筛查分析工作中。

1.3.2.4　固相微萃取技术

固相微萃取技术（Solid-Phase Microextraction，SPME）利用待测物在基质和萃取相间的非均相平衡，使待测组分扩散吸附到石英纤维表面的固定相涂层上，待吸附平衡后，再与色谱进样装置联用，或解吸后再进样，具有高效、便捷和高通量的优点。A. Khaled 等开发了一种 SPME 全自动高通量检测技术，用于检测鸡肉和牛肉组织中驱虫剂、镇静剂、兴奋剂等 100 余种兽药。与 LLE 技术和 QuEChERS（Quick，Easy，Cheap，Effective，Rugged，Safe）技术相比，SPME 技术净化效果较好，仅两种兽药呈现显著的基质效应，而使用 LLE 技术和 QuEChERS 技术分别有 42% 和 30% 的兽药呈现显著的基质效应。C. Y. Peng 等通过使用管内固相微萃取（in-tube SPME）技术富集猪肉中的莱克多巴胺，发现该技术对莱克多巴胺具有良好的选择性，可作为食品中痕量莱克多巴胺的检测方法。微萃取涂层部分是 SPME 的核心组成，其吸附萃取性能、薄厚程度、耐溶剂性能、热稳定性能等都是直接影响兽药分子萃取过程选择性及灵敏度的重要因素。加强对 SPME 涂层材料的研究，是实现目标分析物高效富集、促进 SPME 技术发展的重要途径。

1.3.2.5　分散固相萃取技术

分散固相萃取技术（Dispersive Solid Phase Extraction，DSPE）可灵活地选用不同种类和配比的净化材料，将其分散于样品提取液中，通过选择性吸附干扰基质，从而达到净化的目的。M. Nemati 等开发了一种基于深度共晶溶剂的新型悬浮 DSPE 技术，并成功用于牛奶样品中的四环素类兽药残留，回收率为 80%~91%，相对标准差≤9.8%，有较低的检出限（0.1~0.3 μg/kg）和定量限（0.6~1.0 μg/kg）。此外，作为一种典型的 DSPE 技术，QuEChERS 技术利用传统的 LLE 技术提取目标物后再进行盐析，随后利用吸附剂与干扰基质的相互作用以达到除杂净化的目的，具有操作简单、回收率高、检测结果准确、应用范围广等优点。与 SPE 技术相比，QuEChERS 技术的吸附剂可以直接添加到溶液中，不仅省去了萃取柱的填装、平衡等过程，还增大了干扰基质与吸附剂之间的接触面积。目前，QuEChERS 技术净化材料主要包括 N-丙基乙二胺键合硅胶（PSA）、C18、石墨化炭黑（GCB）等，可以用于去除基质中的蛋白质、脂质和色素等杂质，但总体基质净化效果适中。若将 QuEChERS 技术与其他净化或萃取技术相结合，尽管会增加操作的复杂性，但在一定程度上却能提高其选择性、灵敏度及对复杂样品的基质净化能力。

1.3.2.6 磁性固相萃取技术

磁性固相萃取技术（Magnetic-Solid Phase Extraction，M-SPE）是以磁性或可磁化材料作为吸附基底的一种萃取技术。磁性吸附剂被直接分散到样品溶液中用于萃取目标分析物，随后在外部磁场的作用下实现目标物与干扰基质的分离。与 SPE 技术相比，M-SPE 技术操作简便、重现性好，不需要繁琐的活化、上样、除杂、洗脱等流程，且无萃取柱堵塞之虞，具有良好的应用前景。H. Wang 等利用 IRMOF-3 包覆 SiO_2/Fe_3O_4 合成磁性固相萃取剂，结合 UPLC-MS/MS 技术成功应用于河水、养殖水和鱼肉中 10 种喹诺酮类药物的检测。研究发现，该方法具有较低的检出限（0.005~0.010 μg/kg）和定量限（0.100~0.200 μg/kg），加标回收率均在 80.8%~112.0%，适用于食品和环境样品中痕量喹诺酮类药物的检测。M-SPE 技术可避免使用大量有机溶剂，减少样品处理过程对环境的污染及对分析人员的伤害，但其萃取效果也会受到吸附剂种类、萃取时间、pH 值等因素的影响。因此，开发萃取效果好、适用范围广的吸附剂是 M-SPE 技术未来的重要发展方向。

1.3.3 液质联用技术在动物源性食品兽药多残留检测中的应用

1.3.3.1 肉类及其制品中兽药多残留检测

养殖过程中兽药滥用现象时有发生，畜禽肉兽药残留问题不容忽视。L. M. Zhao 等利用 LC-MS 联用技术检测猪肌肉、牛肌肉、牛肝、牛肾和鸡肝中的兽药残留，方法学考察表明 90% 以上的兽药回收率在 60%~120%，且具有良好的重现性（相对标准差<20%）。郭添容等利用 Oasis © PRiME HLB 固相萃取柱与超高效液相色谱－四级杆/静电场轨道阱高分辨质谱（UPLC-Q-Orbitrap HRMS）联用技术检测猪肝、牛肝、羊肝、鸡肝、鸭肝、鹅肝等动物肝脏中的 45 种兽药残留，该方法在 1~2000 μg/L 浓度范围内，所检测兽药均呈现良好的线性关系，相关系数均大于 0.996，样品前处理过程简单、筛查通量高、结果准确。以上研究均表明液质联用技术在畜禽动物肌肉组织及其内脏兽药残留分析中具有良好的适用性。

此外，LC-MS 联用技术还可用于检测水产品中的多种兽药残留。H. Park 等建立了一种可用于同时适用不同畜禽产品（牛肉、猪肉等）及水产品（鳊鱼、鳗鱼和虾）中 94 种兽药多残留（包括酰胺醇类、咪唑类、头孢菌素、大环内酯类、喹诺酮类、磺胺类、四环素类、青霉素类等）的定量分析方法，581 个实际样品的兽药残留分析结果发现，阳性样本检出率高达 22.5%，其中检出率最高的兽药依次为氟氯喹、土霉素、恩诺沙星、甲氧苄啶、环丙沙星和甲苯咪唑。Q. T. Dinh 等采用 QuEChERS 技术与 UPLC-MS/MS 技术相结合的方法对鳕鱼、三文鱼、比目鱼、罗非鱼、鳟鱼、白虾和巨型虎虾中的多种兽药残留（包括磺胺类、大环内酯类、林可酰胺类药物等）进行检测，实际样品分析结果显示：38% 的受试样本至少有 1 种兽药或其代谢物被检出，其中孔雀石绿的检出率最高（13%）。此外，四环素、差向土霉素、土霉素、甲硝唑、磺胺二甲嘧啶、磺胺甲噁唑和甲氧苄啶的最大残留量分别为 36 μg/kg、18 μg/kg、13 μg/kg、13 μg/kg、4.8 μg/kg、4.2 μg/kg 和 0.59 μg/kg。上述研究结果表明该方法在多种水产品微量兽药残留分析中具有较高的应用潜力。

　　肉制品是以畜禽肉为主要原料，经调味制作的熟肉制成品或半成品，如香肠、火腿、培根、酱卤肉、烧烤肉等。虽然肉品加工过程可能会使兽药部分降解或者转化，但肉制品中潜在的兽药残留问题一直受到业界关注。张飞等通过乙腈-水溶液 [V（乙腈）：V（水）= 8:2] 提取结合 PRiME HLB 固相萃取柱净化，建立了卤肉中金刚烷胺、磺胺类、喹诺酮类、氯霉素类等 36 种兽药残留的 UPLC-MS/MS 检测方法。研究结果表明，36 种兽药在 0.5～20.0 ng/mL 浓度范围内呈现良好的线性关系（$R^2 > 0.999$），检出限和定量限分别为 0.10 μg/kg 和 0.20 μg/kg，在低中高 3 个不同浓度（0.5 μg/kg、1.0 μg/kg 和 5.0 μg/kg）的加标回收率为 70.8%～106.9%，相对标准差（$n = 6$）≤5.3%。该方法操作简单、准确性高和重现性好，可同时对卤肉中的 36 种兽药残留进行测定。S. J. Lehotay 等采用 UPLC-MS/MS 技术结合基质匹配曲线方法对热狗、鲶鱼、嫩鸡肉、油炸培根和香肠中的 186 种兽药残留进行分析，发现在 10 μg/kg、33 μg/kg 和 100 μg/kg 加标水平下，不同肉制品中 83.8%～94.6% 的兽药回收率均处于 70%～120%，相对标准差<25%，可满足鱼类和即食肉基质中兽药多残留的常规监测。

　　鉴于肉类及其制品基质的复杂多样性和兽药分子理化性质的差异性，提取过程多采用酸化乙腈或含水乙腈溶液，以实现对不同兽药多残留的同时萃取。但同时建立数十种乃至上百种兽药多残留的净化方法仍较困难。SPE 技术净化效果较好、基质效应低，但部分兽药残留与固相萃取材料间的吸附作用导致其回收率较低。相比之下，DSPE 技术的兽药残留兼容量高，可视为一种兽药多残留净化的理想方法，但其基质净化能力仍有待进一步提升。就现阶段基质净化技术发展而言，兽药分析通量与基质净化效率尚属一对难以调和的矛盾体，未来可在定性筛查情况下，对部分检出率高及安全风险高的兽药残留进行定量方法的研究，实现对肉类及其制品中兽药残留的全面高效监管。

1.3.3.2 蛋类及其制品中兽药多残留检测

在产蛋鸡饲养过程中，兽药滥用导致的鸡蛋兽药残留问题时有发生。研究表明，将 QuEChERS 技术与 UPLC-MS/MS 技术相结合检测鸡蛋中的兽药残留，具有简单、准确、低成本等优点。许旭等使用硅烷化三聚氰胺海绵作为净化材料，结合 UPLC-MS/MS 技术实现了鸡蛋中多种兽药残留的检测，该方法的检出限低（0.1~3.8 μg/kg），在 2~500 μg/kg 浓度范围内线性良好（$R^2 \geqslant 0.999$），适用于鸡蛋中兽药多残留高灵敏检测。此外，C. F. Wang 等基于 LC-MS 联用技术成功开发了鸡蛋中磺胺类、喹诺酮类、大环内酯类、β-内酰胺类等 7 大类兽药残留的检测方法，其兽药筛查通量进一步提升。

此外，张珊等利用 QuEChERS 技术与超高效液相色谱-电喷雾-串联四级杆质谱（UPLC-ESI-MS/MS）技术相结合的方法检测鸭蛋中的大环内酯类（红霉素、替米考星、吉他霉素和泰乐菌素）和喹诺酮类（诺氟沙星、环丙沙星、洛美沙星和恩诺沙星）兽药残留。研究发现，所检测兽药在 1~100 μg/kg 浓度范围内线性关系良好（$R^2 > 0.99$），检出限为 0.010~0.174 μg/kg，定量限为 0.034~0.576 μg/kg，低、中、高 3 个加标水平（5 μg/kg、50 μg/kg 和 100 μg/kg）下回收率均大于 70%。张培杨等使用乙腈和 OasisR MCX×3cc（60 mg）固相萃取小柱对样品进行提取和净化，并结合 HPLC-MS/MS 技术对不同禽蛋（鸡蛋、鸭蛋、鹅蛋）中的左旋咪唑、甲苯咪唑、羟基甲苯咪唑和氨基甲苯咪唑进行检测，发现这 4 种兽药在禽蛋中的平均回收率为 85.98%~97.38%，检测限为 0.03~0.33 μg/kg。

皮蛋、卤蛋、咸蛋、蛋黄粉等均为消费者喜爱的蛋制品。M. H. Petrarca 等利用 QuEChERS 技术与亲水作用液相色谱-四极杆飞行时间质谱（HILIC-QToF-MS）技术相结合的方法测定婴幼儿蛋制品中的 12 种磺胺类兽药（磺胺噻唑、磺胺二甲嘧啶、磺胺甲基胍等）残留，发现该方法灵敏度高，可在较低浓度（10 μg/kg）水平下实现对蛋制品中磺胺类兽药残留的高灵敏检测。

由于产蛋期诸多兽药被禁用，故对禽蛋中兽药多残留分析方法的灵敏度要求较高。相较于其他分析技术，LC-MS/MS 技术具有的高灵敏度和高选择性使其在禽蛋兽药残留安全检测方面发挥着巨大作用，能够同时对禽蛋中多种潜在兽药残留进行定性定量分析，且大部分兽药残留检出限低至 μg/kg 水平。相较于肉类及其制品，蛋类及其制品的基质干扰相对较弱，基于改良吸附剂的新型 QuEChERS 方法在不同禽蛋前处理过程中的净化效果良好，特别是在禽蛋多兽药残留同时分析中应用较广泛，结合 LC-MS/MS 技术已逐渐发展成为蛋类及其制品中兽药多残留监控的常用分析方法。

1.3.3.3　奶类及其制品中兽药多残留检测

奶类及其制品在人们日常膳食营养中发挥着日益重要的作用，其潜在的兽药残留风险逐渐受到领域内专家和广大消费者的关注。季宝成等首次采用弹性多孔三聚氰胺海绵作为基质吸附剂，并结合 UPLC-MS/MS 技术实现了牛奶中多种兽药残留的同步检测，该方法所检测兽药的基质效应均处于±20%以内，检出限和定量限分别为 0.1~3.8 μg/kg 和 0.2~6.3 μg/kg，可用于快速检测牛奶中的多种兽药残留。M. R. Jadhav 等将 LC-MS/MS 技术应用于不同牛奶中 78 种兽药残留的定量分析，发现该方法适用于标准化牛奶、巴氏杀菌牛奶、调和牛奶和全脂奶油牛奶中的兽药残留分析。J. Li 等采用乙腈提取、正己烷脱脂并与 UPLC-MS/MS 技术相结合的方法检测牛奶中 β-内酰胺类、喹诺酮类、β-激动剂、苯酚、糖皮质激素和硝基呋喃 6 类药物残留。研究发现，该方法日内精密度（1.7%~11.1%）、日间精密度（2.5%~10.4%）均良好，平均回收率在 65.9%~123.5%，相对标准差小于 10.8%，具有简单、经济和可靠的特点。

除牛奶之外，羊奶、酸奶、奶酪等兽药残留问题均进行对比，发现 HPLC-MS/MS 和 UPLC-MS/MS 技术适用范围广、结果准确可靠且不需要衍生化反应，适用于奶中超痕量兽药分析。S. B. Ye 等利用 QuEChERS 技术与 UPLC-MS/MS 技术相结合的方法检测羊奶中的 19 种喹诺酮类药物，回收率在 73.4%~114.2% 范围内，定量限为 5 μg/kg，且重复性好。黑真真等利用 PRIME 固相萃取柱与液相色谱-串联质谱技术相结合的方法检测牛奶和酸奶中 33 种（咪唑类、β-受体激动剂和大环内酯类）兽药残留，发现该方法具有快速、简便、灵敏度高、成本低等优点。曹亚飞等采用 0.1 mol/L 的 Na_2EDTA 缓冲溶液和体积分数为 5% 的醋酸乙腈作为提取溶剂，经 NaCl 和无水 Na_2SO_4 盐析及 C18 吸附剂净化后，结合 LC-MS/MS 技术成功开发了奶酪中大环内酯类、磺胺类、喹诺酮类和四环素类共 50 种兽药残留的检测方法，发现该方法快速简便，适用于奶酪中兽药残留的快速检测和日常监控。

奶类及其制品中蛋白质、脂肪等含量偏高，提取液中共存的干扰基质会对兽药残留分析结果造成显著影响。LC-MS 技术常与 SPE、QuEChERS 等技术相结合用于检测奶类及其制品中的兽药残留。奶中兽药残留萃取多采用高比例乙腈溶液，而液态奶中较高的含水量会导致青霉素、四环素、喹诺酮类等极性兽药残留的回收率较低。此外，多肽类兽药残留易与蛋白质结合，低 pH 值条件能破坏其相互作用从而提高回收率，而四环素类兽药残留在此条件下的降解风险会增大。因此，实现奶类及其制品中多兽药同时萃取依然存在一定的挑战性，开发普适性强、萃取效率高的兽药残留提取方法仍具有十分重要的意义。

1.3.3.4 其他动物源性食品中兽药多残留检测

除上述肉类、蛋类、奶类及其制品外，动物源性食品还包括蜂蜜、蜂王浆、动物血制品、阿胶等。陈瑞等利用 QuEChERs 技术与 UPLC-MS/MS 技术相结合的方法用于检测猪血、鸭血、羊血、血豆腐等食品中磺胺类、喹诺酮类等 39 种兽药残留，检出限和定量限分别为 0.01 ~ 0.30 mg/kg 和 0.03 ~ 0.85 mg/kg，该方法具有方便、快速、灵敏度高等优点。张帅等利用甲酸-乙腈溶液 [V（甲酸）：V（乙腈）= 0.5：99.5] 提取与 Z-sep+净化管处理相结合的方法检测阿胶样品中的兽药残留，并构建了 132 种兽药液相色谱高分辨质谱数据库，可用于阿胶中兽药多残留的快速筛查。励炯等利用所建立的 β_2-受体激动剂残留分析方法检测了 20 个批次的阿胶，其中 3 个批次检测出了盐酸克伦特罗。此外，QuEChERs 技术与 LC-MS/MS 技术相结合的快速检测方法已逐渐发展成为检测蜂蜜和蜂王浆中兽药残留的主要手段。

不同动物源性食品基质组成差异较大，建立准确、灵敏的动物源性食品兽药多残留 LC-MS 联用分析方法需要考虑的影响因素众多，但主要涉及以下几个环节，如样品预处理、兽药残留提取、基质净化、基质匹配校正等。因此，利用 LC-MS 联用技术进行动物源性食品兽药多残留定量分析时，需要综合考虑兽药与糖或蛋白质等的结合作用、金属离子螯合作用、盐析作用、不同食品源干扰基质组成、样品净化方法和定量校准方法选择等多重因素，方能实现对动物源性食品中兽药多残留的准确、高灵敏分析。

第2章

食源性致病菌免疫层析试纸快速检测技术的研究

食源性致病菌是造成动物源食品安全问题的重要因素之一，因此开发准确、高效、快速的食源性致病菌检测方法，对保障食品安全和人民群众身体健康至关重要。目前，传统的基于微生物培养的检测方法操作复杂、耗时长，难以满足食品行业紧迫的快检需求。食源性致病菌快速检测方法主要包括免疫学方法、核酸分析法、光谱技术和传感器技术等。其中，免疫层析试纸条技术具有携带方便、操作简单、适用于现场快速检测等优点。该法可于 10 min 内肉眼读取检测结果，无须大型仪器，为传统检测方法难以满足短效期食品快速检验与放行、食物中毒事件的快速响应等难题提供了解决方案。胶体金由于具有良好的生物相容性和光学特性，已成为使用最广泛的试纸条示踪标记材料，然而其具有灵敏度低和假阳性高的缺点，成为制约此技术在致病菌检测应用的瓶颈技术。特别的，目前多通道试纸条产品缺乏，难以实现一个试纸条同时检测两种及以上致病菌的需求。

因此，构建高灵敏、精准、多通道免疫层析试纸条技术是食源性致病菌快速检测技术的主要发展方向，也是当前的研究热点。本章试验主要开发了基于生物活性修饰胶体金、新型 $\alpha\text{-}Fe_2O_3$ 多面体材料和荧光标记技术的单增李斯特菌免疫层析快速检测试纸条。该技术通过将纳米技术与免疫学检测技术、分子生物学检测技术相结合，提高了检测的可靠性和灵敏度，从而实现食源性致病菌的快速、高灵敏检测。

2.1 胶体金标记结合免疫层析试纸检测单增李斯特菌研究

纳米金颗粒（gold nanoparticles，AuNPs）由于具有良好的生物相容性和易于表面修饰的特性，已成为使用最广泛的免疫层析标记材料。传统的 AuNPs 免疫层析试纸条中使用的 AuNPs 是根据 Turkevich 方法利用柠檬酸钠作为还原剂在煮沸条件下合成的，但该柠檬酸钠纳米金（C-AuNPs）存在盐稳定性低和制备成本高等缺点。因此，迫切需要开发绿色、经济、高效的方法来制备高耐盐的 AuNPs。随着绿色合成技术的日益发展，诸如植物提取物、碳水化合物和微生物代谢产物等类似的自然资源已受到广泛关注。通常情况下，以植物提取物作为还原剂和封闭剂相比于微生物代谢缩短了反应时间并且节省了纯化等复杂的步骤。因此，其已被广泛用于可控的合成不同尺寸和形状的 AuNPs。

大马士革玫瑰是一种具有多种应用价值且成本低的植物，在传统医学研究中占有重要地位。它已被用于治疗心血管疾病、呼吸道感染、腹痛、便秘、消化系统疾病、肝病等疾病。大马士革玫瑰花瓣提取物（aqueous extract of Damask rose，AEDR）主要含有花青素、萜类、黄酮类及苷等成分。

基于免疫层析试纸条的检测和纳米材料生物合成的相关研究进展，本节研究旨在使用 AEDR 通过生物合成方法来制备耐盐的 AuNPs，并且探索合成的 AuNPs 作为示踪标记材料在免疫层析试纸条中的应用，用于快速检测纯培养物和食品样品中的单增李斯特菌。

2.1.1 生物法制备纳米金颗粒及其表征

2.1.1.1 AEDR-AuNPs 的制备

本实验利用 AEDR 作为还原剂和稳定剂，通过生物法制备高耐盐性的 AuNPs。制备方法为：称取 50 g 自然风干的大马士革玫瑰花瓣，在室温条件下振荡提取 3 次，离心分离提取物，经滤纸过滤收集上清液，通过真空旋转蒸发浓缩，并冷冻干燥成粉末。然后分别称取不同浓度质量（0.04 mg、0.08 mg、0.12 mg、0.24 mg、0.30 mg、10 mg）的 AEDR 于 10 mL 超纯水中，配制成不同浓度（0.04 mg/mL、0.08 mg/mL、0.12 mg/mL、0.24 mg/mL、

0.30 mg/mL、1 mg/mL）的 AEDR 水溶液，加入 20 μL 浓度为 0.5 mol/L 的氯金酸溶液，并在室温下充分涡旋混合至颜色呈现酒红色。最后以 14000 r/min 的转速离心 20 min 上述溶液，重复离心 3 次以除去未反应的试剂，并将制备的大马士革玫瑰纳米金（AEDR-AuNPs）避光保存在 4℃ 的冰箱中备用。

　　AEDR 浓度对合成 AuNPs 的影响作用如图 2-1 所示。分散的 AuNPs 呈红色，由于 AuNPs 表面等离子体激元振荡导致光谱吸收使其在 520 nm 处出现紫外光谱吸收峰。反应溶液的颜色变化表明 Au^{3+} 被还原为 Au^0，并通过 UV-Vis 光谱进一步证实。图 2-1（a）实验结果显示 $HAuCl_4$ 与浓度 80~300 μg/mL 的 AEDR 溶液混合，在室温条件下 1 min 内混合液均可变为红色，表明合成了 AEDR-AuNPs。图 2-1（b）紫外可见光谱结果表明，在 AEDR 浓度为 80 μg/mL 和 120 μg/mL 时紫外吸收峰宽，吸光度低。当 AEDR 浓度为 240 μg/mL 和 300 μg/mL 时，吸收峰峰值变得尖锐狭窄，并且吸光度较高，这表明 AEDR-AuNPs 具有窄的粒度分布。因此，浓度为 1 mmol/L 的 $AuHCl_4$ 与浓度为 240 μg/mL 的 AEDR 被选为合成 AEDR-AuNPs 的最佳条件，在 525 nm 处具有最大紫外吸收峰。

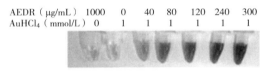

（a）AuHCl₄和AEDR混合溶液的颜色

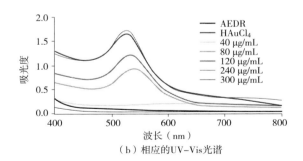

（b）相应的UV-Vis光谱

图 2-1　AEDR 浓度对 AuNPs 合成的影响

2.1.1.2　AuNPs 的表征

为了进行对比，采用传统柠檬酸钠法制备了纳米金颗粒 C-AuNPs。

通过透射电镜图对所制备的 AuNPs 形态及粒径分布进行表征。图 2-2
（a）显示 AEDR-AuNPs 多数为球形且单分散，尺寸分布狭窄；图 2-2（b）
表明 C-AuNPs 多数为椭球形，单分散性较差，尺寸分布相对较宽；图 2-2
（c）表明 AEDR-AuNPs 的直径主要为 20~28 nm；图 2-2（d）表明 C-AuNPs
的直径主要为 24~36 nm。AEDR-AuNPs 的合成方法是使用 AEDR 作为还原剂
和表面活性剂，C-AuNPs 的化学方法是以柠檬酸钠作为还原剂。因此，此处
的还原剂是影响 AuNPs 尺寸的主要参数之一。通过 DLS 分析可得 AEDR-
AuNPs 平均粒径大小（±SD）为（52.9±0.4）nm；C-AuNPs 的平均粒径大小
为（22.9±0.4）nm。AEDR-AuNPs 和 C-AuNPs 的 zeta 电位值（±SD）分别
为（-44.4±0.3）mV 和（-29.9±3.1）mV。AuNPs 溶液中离子之间强的排
斥力有助于维持颗粒的分散性和稳定性。

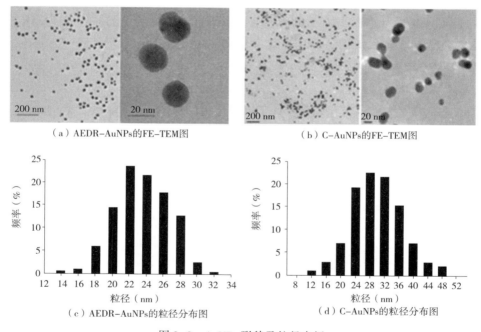

（a）AEDR-AuNPs的FE-TEM图　　　　（b）C-AuNPs的FE-TEM图

（c）AEDR-AuNPs的粒径分布图　　　　（d）C-AuNPs的粒径分布图

图 2-2　AuNPs 形貌及粒径表征

AEDR-AuNPs 的 XRD 表征图如图 2-3 所示，在 2θ 值为 38°、46°、64°、
77°和82°的 5 个衍射峰分别对应于（111）、（200）、（220）、（311）和（222）
晶面，这些衍射峰与 JCPDS 数据库编号为 04-0783 的 PDF 卡片相对应。

AEDR 和 AEDR-AuNPs 的 FTIR 光谱分别如图 2-4 所示。3423 cm⁻¹ 和

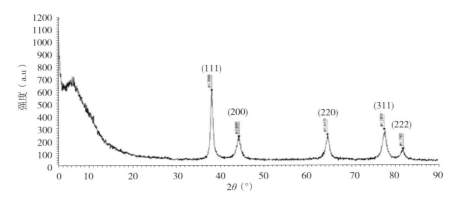

图 2-3　AEDR-AuNPs 的 XRD 光谱图

3454 cm^{-1} 附近的宽峰是由于羟基官能团的 O—H 拉伸振动引起的。2923 cm^{-1} 和 2920 cm^{-1} 附近的谱带归因于不对称的 CH—H 亚甲基的伸缩振动。在 1620 cm^{-1} 和 1639 cm^{-1} 处的尖峰是烯基的 C＝C 拉伸振动。1392 cm^{-1} 和 1384 cm^{-1} 处的峰值由于 C—H 弯曲振动。1047 cm^{-1} 和 1020 cm^{-1} 附近的谱带由于环己烷环的伸缩振动。675 cm^{-1} 和 676 cm^{-1} 处的峰归因于炔烃 C—H 弯曲振动。此外，1710 cm^{-1} 附近的峰均由碳酸烷基酯（C＝O）的拉伸振动引起的，1452 cm^{-1} 附近的峰由于亚甲基 C—H 的弯曲振动引起的，1228 cm^{-1} 附近的峰由于 C—CH$_3$ 拉伸振动引起的。在 AEDR 中检测到了上述 3 个峰，但在 AEDR-AuNPs 中却没有检测到这 3 个峰，表明这 3 个峰对应的基团参与了 Au^{3+} 还原为 Au^0 的过程。

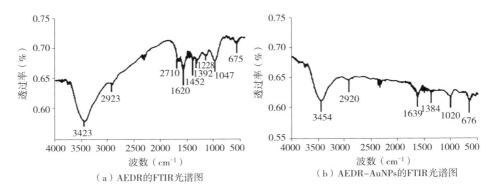

（a）AEDR的FTIR光谱图　　　　　　　（b）AEDR-AuNPs的FTIR光谱图

图 2-4　AEDR-AuNPs 的 FTIR 光谱图

2.1.2　盐稳定性研究

将制备好的 AEDR-AuNPs 与等体积的浓度范围为 0~0.6 mol/L 的氯化钠混合，制备好的 C-AuNPs 与等体积的浓度范围为 0~0.08 mol/L 的氯化钠混合。在室温下静置 30 min，通过观察 AuNPs 的颜色变化及测量 UV-Vis 吸收光谱来测定 AEDR-AuNPs 和 C-AuNPs 的盐稳定性。

图 2-5（a 和 b）表明当氯化钠浓度范围为 0~0.4 mol/L 时，AEDR-AuNPs 的颜色仍为红色，吸收峰未显示红移。然而，当氯化钠浓度为 0.6 mol/L 时，AEDR-AuNPs 的颜色变为紫色，吸收峰显示出强烈的红移，表明 AEDR-AuNPs 在 0.6 mol/L 时变的不稳定。图 2-5（c）和图 2-5（d）表明当氯化钠浓度范围为 0~0.04 mol/L 时，C-AuNPs 的颜色仍为红色，吸收峰未显示红移。然而，当氯化钠浓度为 0.06 mol/L 时，C-AuNPs 的颜色变为紫色，吸收峰出现红移，表明 C-AuNPs 在 0.06 mol/L 时不稳定。当氯化钠浓度

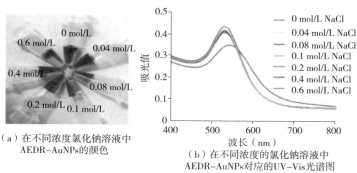

（a）在不同浓度氯化钠溶液中
AEDR-AuNPs的颜色

（b）在不同浓度的氯化钠溶液中
AEDR-AuNPs对应的UV-Vis光谱图

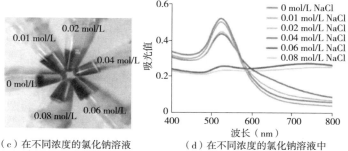

（c）在不同浓度的氯化钠溶液
中C-AuNPs的颜色

（d）在不同浓度的氯化钠溶液中
C-AuNPs对应的UV-Vis光谱图

彩图

图 2-5　AuNPs 在不同浓度氯化钠溶液中的盐稳定性

为 0.08 mol/L 时，C-AuNPs 变为蓝色，吸收峰显示出强烈的红移。因此，AEDR-AuNPs 和 C-AuNPs 的耐盐性分别为 0.4 mol/L 和 0.04 mol/L，AEDR-AuNPs 的耐盐性是 C-AuNPs 的 10 倍。由于生物样品通常富含复杂成分和盐缓冲液，因此耐盐的 AEDR-AuNPs 在生物应用中显示出更大的应用潜力。

2.1.3　免疫层析试纸条的条件优化

　　利用抗单增李斯特菌多克隆抗体（PcAb）修饰 AuNPs 制备得到 PcAb-AuNPs。PcAb 修饰 AEDR-AuNPs 的浓度优化结果如图 2-6（a）所示。随着 PcAb 浓度从 10 μg/mL 增加到 60 μg/mL 时，T 带的颜色逐渐变深。当其浓度为 60 μg/mL 和 80 μg/mL 时，T 带颜色无明显的差异。因此，浓度为 60 μg/mL 的 PcAb 是修饰 AEDR-AuNPs 的最佳浓度。如图 2-7 所示的 FE-SEM 结果进一步验证了 AEDR-AuNPs 与 PcAb 的结合。由图 2-7（a）可看出 AEDR-AuNPs 是表面光滑的球体，由图 2-7（b）所示 PcAb-AEDR-AuNPs 表面有大量的颗粒附着，表明 PcAb 被修饰到了 AEDR-AuNPs 的表面。此外，图 2-6（b）所示结果是对试纸条上 C 带山羊抗兔 IgG 和 T 带山羊抗兔 IgG 的浓度优化。实验结果表明，随着 T 带 PcAb 浓度从 0.1~1 mg/mL 时 T 带的颜色逐渐加深，在其浓度为 1~2 mg/mL 时 T 带颜色不变。同时，随着 C 带山羊抗兔 IgG 浓度从 0.1~0.5 mg/mL 时 C 带颜色明显变深，在其浓度为 0.5~1 mg/mL时 C 带颜色不变。因此，T 带和 C 带的最佳抗体包被浓度分别确定为 1 mg/mL 和 0.5 mg/mL。

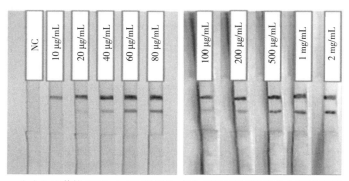

（a）PcAb修饰AEDR-AuNPs的浓度　（b）C带和T带对应抗体点样浓度优化

图 2-6　PcAb-AEDR-AuNPs 免疫层析试纸条的条件优化

（NC：空白对照）

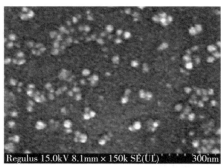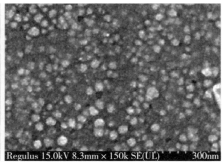

（a）AEDR-AuNPs的FE-TEM图　　　　　（b）PcAb-AEDR-AuNPs的FE-TEM图

图 2-7　PcAb 功能化修饰 AEDR-AuNPs 的 FE-SEM 图

2.1.4　免疫层析试纸条的检测特异性研究

通过试纸条检测单增李斯特菌以及金黄色葡萄球菌、绿脓假单胞菌、副溶血弧菌、枯草芽孢杆菌、大肠杆菌 O157：H7 和鼠伤寒沙门氏菌这 6 种常见食源性致病菌的交叉反应，研究了构建的试纸条检测单增李斯特菌的特异性。将所有待测目标菌菌液的 $OD600$ 值调整为 0.1，并用 PcAb-AEDR-AuNPs 与待测菌液混合。取样品溶液 20 μL 加入 20 μL 的 PcAb-AEDR-AuNPs 中充分混合，然后上样到免疫层析试纸条的样品垫上，反应 10 min 后，通过观察 C 带和 T 带条带显色情况，通过肉眼读取检测结果。将 20 μL 包含 0.05% 的 Tween 20 的无菌 PBS 缓冲液用作阴性对照。

免疫层析试纸条的特异性实验结果如图 2-8 所示，免疫层析试纸条的 T

彩图

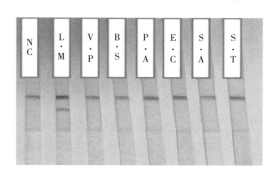

图 2-8　PcAb-AEDR-AuNPs 试纸条对单增李斯特菌的特异性检测

（NC：阴性对照　　LM：单增李斯特菌　　VP：副溶血性弧菌　　BS：枯草芽孢杆菌

PA：绿脓假单胞菌　　EC：大肠杆菌 O157：H7　　SA：金黄色葡萄球菌　　ST：鼠伤寒沙门氏菌）

带上只有单增李斯特菌具有肉眼可见的颜色，阴性对照和其他菌株在 T 带中未显示颜色。图 2-9 的 FE-SEM 实验结果进一步证实了单增李斯特菌与 PcAb-AEDR-AuNPs 结合的特异性。图 2-9（a）表明 PcAb-AEDR-AuNPs 附着在单增李斯特菌的表面上，而图 2-9（b）显示 PcAb-AEDR-AuNPs 分散在枯草芽孢杆菌的周围，表明 PcAb 对单增李斯特菌具有较强的特异性。

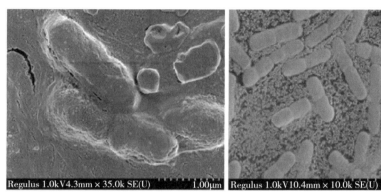

（a）PcAb－AEDR-AuNPs 与单增李斯特菌混合的　　（b）PcAb-AEDR-AuNPs 与枯草芽孢混合的
FE-SEM图　　　　　　　　　　　　　　　　FE-SEM图

图 2-9　PcAb-AEDR-AuNPs 与单增李斯特菌特异性结合的 FE-SEM 图

2.1.5　免疫层析试纸条的检测灵敏度研究

为了探究免疫层析试纸条的检测限，将单增李斯特菌的浓度梯度稀释为 $2.5 \times 10^4 \sim 2.5 \times 10^8$ CFU/mL。分别用 PcAb-AEDR-AuNPs 试纸条和 PcAb-C-AuNPs 试纸条检测单增李斯特菌。PcAb-AEDR-AuNPs 试纸条灵敏度检测结果如图 2-10（a）所示，随着单增李斯特菌菌液的浓度从 2.5×10^5 至 2.5×10^8 CFU/mL 的梯度增加，PcAb-AEDR-AuNPs 试纸条 T 带的颜色逐渐加深，而阴性对照和浓度为 2.5×10^4 CFU/mL 的单增李斯特菌均未观察到颜色，可知 PcAb-AEDR-AuNPs 试纸条的检测限为 2.5×10^5 CFU/mL。同理，图 2-10（b）实验结果表明 PcAb-C-AuNPs 试纸条的检测限为 2.5×10^6 CFU/mL。由于 C-AuNPs 与 PcAb 在含有金属盐离子和离子团的缓冲溶液中产生耦合，会在一定程度上使 C-AuNPs 产生聚集，降低 C-AuNPs 的稳定性，从而降低检测灵敏度。而 AEDR-AuNPs 具有高耐盐性，在一定程度上有效避免了耦合过程中的聚集。因此，PcAb-AEDR-AuNPs 试纸条的检测限比 PcAb-C-AuNPs

试纸条的检测限提高了一个对数值。Seo 等研究的 PcAb-C-AuNPs 试纸条检测沙门氏菌的检测限为 10^6 CFU/mL，低于本实验 PcAb-AEDR-AuNPs 试纸条的检测限。Terao 等研究的 PcAb-C-AuNPs 试纸条检测到大肠杆菌的浓度范围为 $8 \times 10^3 \sim 5.6 \times 10^5$ CFU/mL，该试纸条检测限虽然高于 PcAb-AEDR-AuNPs 试纸条的检测限，但是该方法在检测前使用了含有新霉素的富集肉汤对待测菌液进行了 22 h 的富集。而本研究中开发的用于单增李斯特菌检测的免疫层析试纸条无须富集即可直接进行检测，并且可以在 10 min 内通过肉眼读取检测结果。

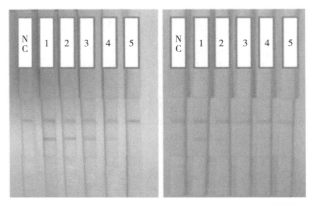

（a）PcAb - AEDR-AuNPs试纸条　　（b）PcAb - C-AuNPs试纸条

图 2-10　AuNPs 免疫层析试纸条对单增李斯特菌纯培养液的检测限

（NC：阴性对照　1~5：单增李斯特菌的菌液浓度分别为 2.5×10^8 CFU/mL、2.5×10^7 CFU/mL、2.5×10^6 CFU/mL、2.5×10^5 CFU/mL、2.5×10^4 CFU/mL）

2.1.6　免疫层析试纸条对猪里脊中单增李斯特菌的检测

通过平板计数方法将猪里脊肉样品中的单增李斯特菌菌液浓度从 $2.85 \times 10^8 \sim 2.85 \times 10^4$ CFU/mL 进行梯度稀释。PcAb-AEDR-AuNPs 试纸条实际样品检测限如图 2-11 所示，猪里脊肉样品中单增李斯特菌的检出限仍保持在 10^5 CFU/mL。因此，食品样品基质不会影响 PcAb-AEDR-AuNPs 试纸条的检测灵敏度，并且检测限浓度小于单增李斯特菌的感染剂量（$10^6 \sim 10^7$ CFU/mL）。因此，PcAb-AEDR-AuNPs 试纸条的灵敏性度和特异性表明该试纸条具有良好的可靠性和潜在的适用性。

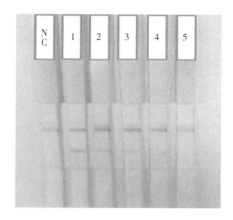

图 2-11　PcAb-AEDR-AuNPs 试纸条检测猪里脊肉样品中单增李斯特菌的检测限

（NC：阴性对照；1~5：单增李斯特菌的菌液浓度分别为 2.85×10^8 CFU/mL、2.85×10^7 CFU/mL、2.85×10^6 CFU/mL、2.85×10^5 CFU/mL、2.85×10^4 CFU/mL）

2.1.7　小结

（1）利用 AEDR 通过生物方法可于室温下 1 min 内制备得到粒径均一的高耐盐性球状 AuNPs，粒径分布主要在 20~28 nm；AEDR-AuNPs 的盐稳定浓度为 0.4 mol/L 的氯化钠，且其耐盐性是 C-AuNPs 的 10 倍。

（2）通过对 AuNPs 免疫层析试纸条检测体系影响因素的优化，构建了最优 AuNPs 试纸条检测体系。其中 PcAb 修饰 AEDR-AuNPs 的最佳偶联浓度为 60 μg/mL，C 带和 T 带最佳点样浓度分别为 1 mg/mL 和 0.5 mg/mL。

（3）PcAb-AEDR-AuNPs 试纸条检测结果可于 10 min 内通过肉眼读取，对纯培养的单增李斯特菌和实际样品的检出限分别为 2.5×10^5 CFU/mL 和 2.85×10^5 CFU/mL，PcAb-AEDR-AuNPs 试纸条的检测限比 PcAb-C-AuNPs 试纸条的检测限提高了一个对数值，且 PcAb-AEDR-AuNPs 与所检测的金黄色葡萄球菌、铜绿假单胞菌、副溶血性弧菌、大肠杆菌 O157：H7、鼠伤寒沙门氏菌和枯草芽孢杆菌细菌均无交叉反应。该方法简单、便捷、无须使用复杂仪器，具有食源性致病菌现场快速检测的应用潜力。

2.2 α-Fe$_2$O$_3$多面体标记结合免疫层析试纸检测 单增李斯特菌研究

氧化铁最常见的形式是赤铁矿（α-Fe$_2$O$_3$）、磁赤铁矿（γ-Fe$_2$O$_3$）和磁铁矿（Fe$_3$O$_4$）。与块体材料相比，纳米材料由于其表面效应、体积效应和量子尺寸效应而具有独特的物理性能。其中，α-Fe$_2$O$_3$是晶体结构中最稳定的氧化铁，具有分散性好、耐腐蚀性高、成本低、环境友好等特点，已被应用于医疗诊断、有色颜料、生物传感器、催化剂、废水处理、磁存储和电极材料等领域。近年来，控制金属纳米材料的形状和尺寸引起了广泛研究，制备不同形貌纳米氧化铁的方法主要有溶胶-凝胶法、乳液法、共沉淀法、溶剂热反应法、生物合成方法、多元醇法等。其中，溶剂热反应法被认为是一种相对简单、具有应用前景且结构可控的制备方法，已被广泛应用于制备适用于不同领域的具有不同形貌的α-Fe$_2$O$_3$。

目前，纳米金、荧光素和量子点被广泛用于免疫层析试纸条的标记材料。然而，上述标记材料价格昂贵，缺乏稳定性，合成工艺相对复杂。因此，开发简单、成本低、稳定性好的标记物具有很高的市场需求。在以往的研究中，氧化铁已被用作检测食品中毒素的标记物，而未有将α-Fe$_2$O$_3$多面体作为免疫层析试纸条标记物检测食品中单增李斯特菌的相关报道。在此基础上，本研究开发了一种简便、快速、易观察、稳定、低成本的标记材料制备方法。

本节介绍了用溶剂热一锅法合成α-Fe$_2$O$_3$多面体，用相应的仪器对α-Fe$_2$O$_3$多面体的形貌、尺寸分布和晶体结构进行了表征，并将合成的α-Fe$_2$O$_3$多面体作为标记材料构建免疫层析试纸条检测体系，用于可视化检测食品中的单增李斯特菌。抗体功能化的α-Fe$_2$O$_3$多面体作为免疫层析试纸条检测食源性致病菌的示踪材料具有潜在的应用价值。

2.2.1 α-Fe$_2$O$_3$多面体的制备与表征

采用简单的溶剂热法合成α-Fe$_2$O$_3$多面体。先将 8 mmol FeCl$_3$·6H$_2$O 溶解于 40 mL 乙醇中得到混合溶液，再将 40 mL 的 NaOH 加入混合溶液中混合均匀，室温下 NaOH 与 FeCl$_3$的固定摩尔比为 3:1。在此步骤中，当观察到红褐色的沉淀物产生后，持续强烈搅拌 30 min。再将悬浮液转移到 100 mL 特氟龙内衬的高压灭菌釜中，在 180℃条件下反应 6 h，然后冷却至室温。溶剂热反应后，得到的沉淀物先用蒸馏水洗涤，再用乙醇洗涤，在 80℃烘干 12 h。

　　图 2-12（a）和图 2-12（b）分别是 α-Fe$_2$O$_3$ 多面体的 FE-SEM 和 TEM 图像，由图可知 α-Fe$_2$O$_3$ 多面体为单分散的不规则六面体。α-Fe$_2$O$_3$ 多面体在水溶液中的平均粒径为（205.3±0.85）nm，PDI 值约为 0.081；zeta 电位值为（-19.4±1.23）mV。溶液中负-负粒子之间的静电斥力有助于维持粒子的稳定性和分散性。

（a）α-Fe$_2$O$_3$的FE-SEM图

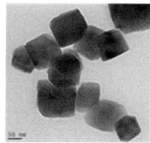

（b）α-Fe$_2$O$_3$的FE-TEM图

图 2-12　α-Fe$_2$O$_3$ 多面体形貌表征图

　　图 2-13 是 α-Fe$_2$O$_3$ 多面体的 XRD 图，在 2θ 值为 24.2°、33.2°、35.6°、40.8°、49.4°、54.0°、57.5°、62.4°、63.9°、71.8°、75.9°的衍射峰分别对应于（012）、（104）、（110）、（113）、（024）、（116）、（018）、（214）、（300）、（119）和（220）晶面，这些衍射峰与 JCPDS 数据库编号为 33-0664 的 PDF 卡片相对应，证明了 α-Fe$_2$O$_3$ 的合成。

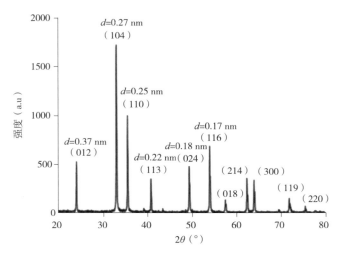

图 2-13　α-Fe₂O₃ 多面体的 XRD 光谱图

　　HR-TEM 图像（图 2-14）和 XRD 衍射图谱的尖锐衍射峰表明 α-Fe₂O₃ 多面体微晶片结晶良好。0.37 nm 的晶界间距与 α-Fe₂O₃ 多面体的（012）晶格间距非常一致。

图 2-14　α-Fe₂O₃ 多面体的 HR-TEM 图

　　通过红外光谱对合成产物的表面官能团进行了研究。图 2-15 是 α-Fe₂O₃ 多面体在 450～4000 cm⁻¹ 范围内的 FTIR 光谱图。3424 cm⁻¹ 和 1632 cm⁻¹ 宽吸收峰是 α-Fe₂O₃ 多面体表面的羟基和水分子拉伸和弯曲振动引起的。3000 cm⁻¹ 处的弱吸收峰归因于吸附水的弯曲振动。1059 cm⁻¹ 处的弱吸收峰是由 C—H 键引起的。560 cm⁻¹ 和 475 cm⁻¹ 处的强吸收峰可能属于 Fe—O 键振动。

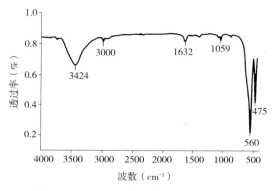

图 2-15　α-Fe$_2$O$_3$ 多面体的 FTIR 光谱图

通过 XPS 对制备的 α-Fe$_2$O$_3$ 多面体的表面化学状态和化学组成进行了研究。图 2-16（a）是 α-Fe$_2$O$_3$ 多面体的全 XPS 谱，可知 α-Fe$_2$O$_3$ 多面体中只存在氧和铁元素。图 2-16（b）显示 α-Fe$_2$O$_3$ 多面体的 Fe 2p XPS 光谱在 710.9 eV 和 724.4 eV 处出现双峰，与 α-Fe$_2$O$_3$ 的 Fe 2p$_{3/2}$ 和 Fe 2p$_{1/2}$ 自旋轨道峰重合。此外，图 2-17（c）显示在 718.8 eV 左右存在的一个卫星峰是 Fe$_2$O$_3$ 的特征峰，530 eV 左右的峰对应于纯 α-Fe$_2$O$_3$ 的 O^{-2}1s。

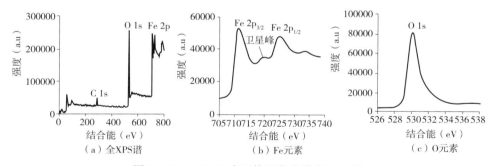

（a）全 XPS 谱　　　（b）Fe 元素　　　（c）O 元素

图 2-16　α-Fe$_2$O$_3$ 多面体的高分辨率 XPS 谱

用多点 BET 法测定了 α-Fe$_2$O$_3$ 多面体的比表面积。图 2-17 为 α-Fe$_2$O$_3$ 多面体的氮气吸附解吸等温线，等温线在相对压力为 0.35~1.0 的范围内存在滞后环，α-Fe$_2$O$_3$ 多面体的 BET 表面积为 9.299 m^2/g。等温线表明 α-Fe$_2$O$_3$ 多面体的孔隙率为 IV 型，且具有明显的 h3 型滞后环，这与介孔材料的特性有关。通过 Barrett Joyner Halenda（BJH）方法获得了其孔径分布。吸附孔径分布如图 2-18 所示，实验结果表明 α-Fe$_2$O$_3$ 多面体的平均孔径为 3.83 nm。

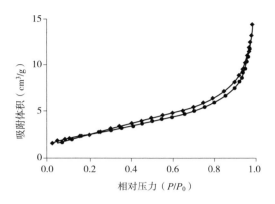

图 2-17　$\alpha\text{-Fe}_2\text{O}_3$ 多面体的氮吸附解吸等温线

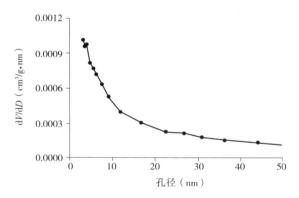

图 2-18　$\alpha\text{-Fe}_2\text{O}_3$ 多面体的吸附孔径分布

在溶剂热反应过程中，动力学和热力学过程的操作对晶体的生长起着至关重要的作用。反应条件和表面活性剂影响动力学和热力学过程，进而决定最终的晶体形貌、结构和相。已有的相关研究多是在十二烷基苯磺酸钠、CTAB 和甘氨酸表面活性剂的辅助条件下用水热法合成 $\alpha\text{-Fe}_2\text{O}_3$ 多面体。然而，在这些方法中，$\alpha\text{-Fe}_2\text{O}_3$ 多面体是在多个相对复杂的步骤中得到的。此外，现有的合成方法通常需要 12 h 以上的合成时间，本实验中的 $\alpha\text{-Fe}_2\text{O}_3$ 多面体合成耗时 6 h，与现有的合成方法相比大大缩短了合成时间。

2.2.2　免疫 $\alpha\text{-Fe}_2\text{O}_3$ 多面体的制备与表征

采用 EDC/NHS 改性方法将 $\alpha\text{-Fe}_2\text{O}_3$ 多面体与抗单增李斯特菌多克隆抗体

（PcAb）偶联制备 PcAb-α-Fe$_2$O$_3$。为验证 PcAb-α-Fe$_2$O$_3$ 多面体的形成，应用 DLS 和 zeta 电位对偶联产物进行表征。图 2-18 的 DLS 研究结果显示 α-Fe$_2$O$_3$ 多面体和 PcAb-α-Fe$_2$O$_3$ 多面体的平均尺寸分别为（205.3±0.85）nm 和（316.5±16.47）nm。α-Fe$_2$O$_3$ 多面体和 PcAb-α-Fe$_2$O$_3$ 多面体的 zeta 电位值分别为（−19.4±1.23）mV 和（5.89±0.34）mV（图 2-19）。带负电荷的 α-Fe$_2$O$_3$ 多面体与带正电荷的 PcAb 通过基团分子共价键耦合，使 α-Fe$_2$O$_3$ 多面体与 PcAb-α-Fe$_2$O$_3$ 之间的 zeta 电位值产生了差异。颗粒尺寸的增大和 zeta 电位值的变化证实了 PcAb 被成功地修饰在了 α-Fe$_2$O$_3$ 多面体的表面。

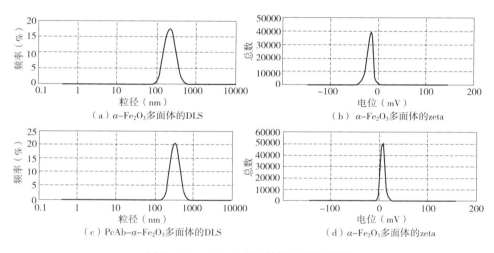

图 2-19　α-Fe$_2$O$_3$ 多面体粒径电位表征

2.2.3　免疫层析试纸条的灵敏度和稳定性

为了检测 PcAb-α-Fe$_2$O$_3$ 多面体免疫层析试纸条的灵敏度，将过夜培养的单增李斯特菌菌液浓度从 3.8×10^9~3.8×10^5 CFU/mL 进行梯度稀释。如图 2-20 所示，在 3.8×10^5 CFU/mL 浓度下，通过肉眼观察在阴性对照和单增李斯特菌的检测带上未见明显条带。随着单增李斯特菌的浓度从 3.8×10^6~3.8×10^9 CFU/mL 梯度增加，检测线的颜色逐渐加深，可得此测流免疫层析试纸条的检出限为 3.8×10^6 CFU/mL，并且可以在 10 min 内通过肉眼读取检测结果，实现了快速检测。Wang 等使用基于横向测流免疫纳米金检测单增李斯特菌的检测限为 3.8×10^6 CFU/mL。虽然 PcAb-α-Fe$_2$O$_3$ 多面体免疫层析试纸条检测灵敏度较纳米金低，但该方法合成简单、制备成本低。因此，此法适用于一般基层检查人员检测、大批量样品检测和大面积的普查等。

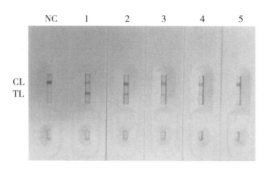

图 2-20　PcAb-α-Fe$_2$O$_3$ 多面体免疫层析试纸条的检测限

（NC：阴性对照；1~5：单增李斯特菌的菌液浓度分别为 3.8×10^9 CFU/mL、3.8×10^8 CFU/mL、3.8×10^7 CFU/mL、3.8×10^6 CFU/mL、3.8×10^5 CFU/mL）

2.2.4　实际样品中单增李斯特菌的检测

将含有单增李斯特菌的样品梯度稀释至 5.6×10^9 ~ 5.6×10^5 CFU/mL。如图 2-21 所示，样品中单增李斯特菌的检测限仍然保持在 10^6 CFU/mL，表明 PcAb-α-Fe$_2$O$_3$ 多面体免疫层析试纸条的灵敏度不受样品基体的干扰。因此，α-Fe$_2$O$_3$ 多面体可作为免疫层析试纸条的标记材料，具有潜在的应用前景。

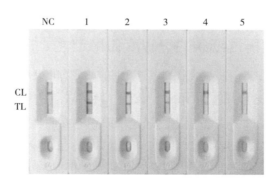

图 2-21　实际样品中 PcAb-α-Fe$_2$O$_3$ 多面体免疫层析试纸条的检测限

（NC：阴性对照；1~5：单增李斯特菌的菌液浓度分别为 5.6×10^9 CFU/mL、5.6×10^8 CFU/mL、5.6×10^7 CFU/mL、5.6×10^6 CFU/mL、5.6×10^5 CFU/mL）

2.2.5　小结

（1）利用一种低成本、简单的溶剂热方法合成了稳定性较强、纯度较高的 α-Fe$_2$O$_3$ 多面体，其平均直径约为 200 nm、DLS 值为（205.3±0.85）nm、zeta 为（-19.4±1.23）mV，BET 表面积为 9.299 m^2/g、平均孔径为 3.83 nm。

（2）以 α-Fe$_2$O$_3$ 多面体为标记材料，建立 PcAb-α-Fe$_2$O$_3$ 多面体免疫层析试纸条检测单增李斯特菌，该方法可于 10 min 内通过肉眼读取检测结果，对纯培养单增李斯特菌和实际样品的检出限分别为 3.8×10^6 CFU/mL 和 5.6×10^6 CFU/mL。该方法合成简单、制备成本低、无须使用复杂仪器，此法适合一般基层检查人员检测和大面积的普查等，具有食源性致病菌现场快速检测的应用潜力。

2.3　荧光标记结合免疫层析试纸检测单增李斯特菌的研究

单增李斯特菌是一种杆状革兰氏阳性细菌，兼性厌氧，耐酸和亲冷，在 4 ℃生长和繁殖，广泛存在于水、土壤、食品和相关的加工环境中，而且通常通过受污染的食物传播，因其较高的致死率（20%~30%）成为最严重的食源性致病菌之一。因此，迫切需要一种高灵敏度、特异性强的检测食品中单增李斯特菌的方法。

聚合酶链式反应（PCR）在世界范围内被广泛应用，被认为是 DNA 扩增的金标准。横向侧流免疫层析（LFIA）是一种快速、方便的生物传感器，广泛应用于病原体的快速检测领域。虽然 LFIA 可以实现基于抗原抗体识别的选择性，但是灵敏度低限制了其在食源性致病菌检测领域的应用。

试验建立了一种基于磁分离和 PCR 的单增李斯特菌荧光试纸条检测方法。磁分离前处理分离细菌后通过煮沸 10 min 的方法提取 DNA，利用带有荧光标记的引物进行 PCR 扩增放大检测信号，PCR 产物通过荧光试纸条时，试纸条检测线上包被的荧光引物抗体捕捉到荧光引物而产生荧光条带，在荧光显微镜下可以观察结果。通过 image J 分析荧光条带灰度值实现定量检测。由此构建高灵敏检测单增李斯特菌的检测体系。

2.3.1 磁分离捕获探针的制备及表征

2.3.1.1 Fe₃O₄的制备及表征

采用水热法合成磁珠 Fe_3O_4。首先，将 $FeCl_3 \cdot 6H_2O$（9.73 g，0.036 mol）、$Na_3Cit \cdot 2H_2O$（3.53 g，0.012 mol）和 NaAc（14.4 g，0.176 mol）分别溶解于 80 mL 乙二醇中，磁力搅拌 15 min。然后，将 3 种溶液混合在一起，超声 30 min 使其充分混匀，转移到 300 mL 反应釜中，在 200 ℃条件下反应 12 h。冷却至室温后，用甲醇清洗 3 次，室温干燥 24 h 得到 Fe_3O_4 粉末。通过透射电镜（TEM）观察 Fe_3O_4 的形貌，粒度仪测定尺寸大小，通过 X 射线衍射仪（XRD）分析 Fe_3O_4 表面的晶体结构，利用傅里叶红外光谱（FT-IR）分析 Fe_3O_4 的官能团及其来源。通过 zeta 电位分析了 Fe_3O_4 偶联适配体前后的变化，利用多功能微孔板读数仪测定适配体被偶联后上清的紫外吸光值，从而证实 Fe_3O_4 和适配体偶联成功。

如图 2-22 所示，Fe_3O_4 颗粒呈均匀的微球形，大小为 300~400 nm。

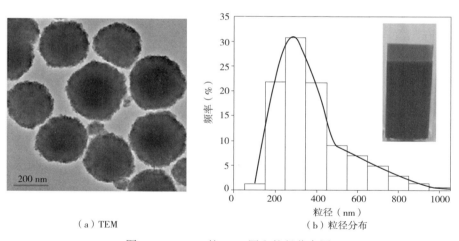

（a）TEM （b）粒径分布

图 2-22　Fe_3O_4 的 TEM 图和粒径分布图

如图 2-23（a）所示，Fe_3O_4 的 5 个突出衍射峰分别在 $2\theta = 31.2°$、36.8°、44.7°、59.3°和 65.2°处，对应于（220）、（311）、（400）、（511）和（440）晶体平面，与标准 Fe_3O_4 jcpds PDF No. 26-1136 相匹配，证实了 Fe_3O_4 的合成。在 Fe_3O_4 的 FT-IR 光谱中［图 2-23（b）］，1394 cm^{-1} 和 1624 cm^{-1} 处的峰对应于 Fe_3O_4 表面的羧基，而 580 cm^{-1} 处的峰对应于 Fe—O 键。

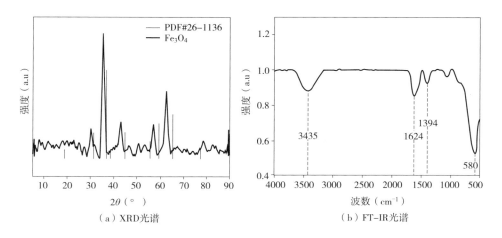

（a）XRD光谱　　　　　　　　　　　（b）FT-IR光谱

图 2-23　Fe$_3$O$_4$的 XRD 图和 FT-IR 光谱图

2.3.1.2　捕获探针的制备及表征

捕获探针用于分离和捕获食品样品中的靶细菌。EDC 缓冲溶液与 NHS 缓冲溶液等体积混合配制成 Fe$_3$O$_4$羧基活化缓冲溶液，Fe$_3$O$_4$粉末用 MES 缓冲溶液洗涤并超声 1 min 使其充分溶解，加入羧基活化缓冲溶液放置在 37 ℃恒温混匀仪活化 30 min，用 PBS 缓冲溶液洗涤后加入适配体于 37 ℃恒温混匀仪偶联 30 min，磁分离弃掉上清液，即得 Fe$_3$O$_4$@适配体（MA），接着重悬于封闭液中放置在 37 ℃恒温混匀仪封闭 30 min，用 PBS 缓冲溶液洗涤两次以除去封闭液，即得捕获探针 MA@ BSA（图 2-24）。最后将得到的 MA@ BSA 分散在 PBS 缓冲溶液中，并在 4 ℃下避光保存备用。

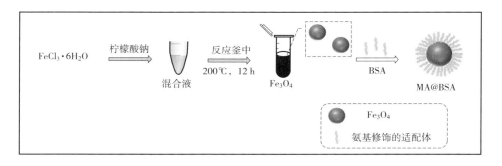

图 2-24　MA@ BSA 的制备过程

测定 Fe_3O_4 偶联适配体前后的 zeta 电位，结果发现 Fe_3O_4 偶联适配体后电位由原来的 (-31.3 ± 0.29) mV 变成 (-22.3 ± 0.12) mV ［图 2-25（a）］，适配体被偶联后上清的紫外吸光值也变小了 ［图 2-25（b）］，证实了 Fe_3O_4 和适配体偶联成功。

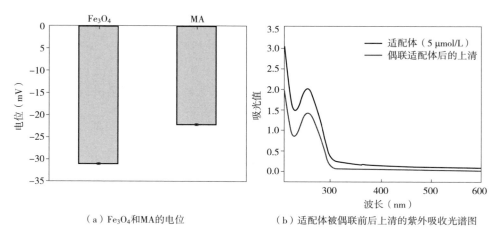

（a）Fe_3O_4 和 MA 的电位 　　　　　　　（b）适配体被偶联前后上清的紫外吸收光谱图

图 2-25　Fe_3O_4 偶联适配体

2.3.2　捕获探针对单增李斯特菌捕获效率的优化

为了提高 MA@BSA 对单增李斯特菌的捕获效率（CE），优化了适配体用量（分别是 5 mg Fe_3O_4 偶联 10 μL、20 μL、30 μL、40 μL 和 50 μL 适配体）、MA@BSA 探针用量（1 mL 单增李斯特菌分别添加 120 μL、160 μL、200 μL 和 240 μL MA@BSA）和捕获时间（分别是 20 min、30 min、40 min 和 50 min）。用 MA@BSA 分别对不同浓度（$10^7\sim10^3$ CFU/mL）的单增李斯特菌进行捕获，被捕获的单增李斯特菌用磁铁磁吸，通过平板计数法计算出捕获效率并进行分析，捕获效率的计算公式如下：CE（%）=（C_b/C_0）×100%（C_b：MA@BSA 捕获的细菌数，C_0：细菌总数），对单增李斯特菌捕获效率最大的用量和时间作为最佳条件。

如图 2-26（a）所示，单增李斯特菌的捕获率在适配体为 10~30 μL 范围内稳定，在适配体为 40 μL 时捕获率最大，此时捕获率为 66.9%，说明最佳适配体量为 40 μL/5 mg Fe_3O_4。如图 2-26（b）所示，单增李斯特菌的捕获率在 MA@BSA 为 200 μL 和 240 μL 时稳定，此时捕获率为 69.3%，考虑到节

约成本，即 MA@ BSA 的最佳用量为 200 μL/mL 单增李斯特菌。如图 2-26
（c）所示，单增李斯特菌的捕获率在 20~40 min 范围内随着时间增加而增加，
在 40 min 时达到峰值，此时捕获率为 70%，说明捕获率达到饱和。

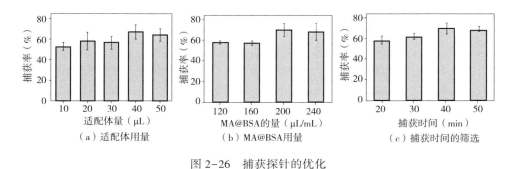

图 2-26　捕获探针的优化

2.3.3　捕获探针对不同浓度菌的捕获率

在最佳条件下，检测 MA@ BSA 对不同浓度（$10^7 \sim 10^3$ CFU/mL）单增李斯
特菌的捕获率。如图 2-27 所示，单增李斯特菌浓度越大，捕获率越小，当单增
李斯特菌浓度为 10^3 CFU/mL 时，捕获率为 95%，说明此时基本完全捕获。

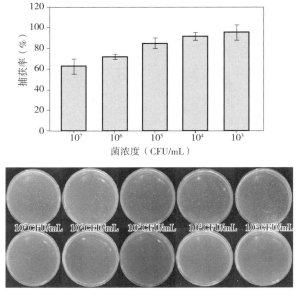

图 2-27　对不同浓度单增李斯特菌的捕获率

2.3.4 检测灵敏度研究

检测过程如图 2-28（a）所示，MA@ BSA 捕获细菌后通过煮沸 10 min 的方法释放 DNA。如图 2-28（b）所示，当检测系统中存在单增李斯特菌时，释放出来的 DNA 作为 PCR 模板进行 DNA 扩增，即得到的 PCR 产物滴到荧光试纸条上，可在荧光显微镜下观察到检测线和质控线上都有荧光条带。当 DNA 浓度增加时，PCR 产物中的 DNA 和引物分别增加，试纸条上的引物抗体会捕捉到更多的 PCR 产物，即荧光条带强度增加。当检测系统中不存在单增李斯特菌时，PCR 扩增过程中只有引物扩增，得到的 PCR 产物滴到荧光试纸条上，在荧光显微镜下观察到只有质控线上有荧光条带。整个检测过程操作简单，耗时 2 h。

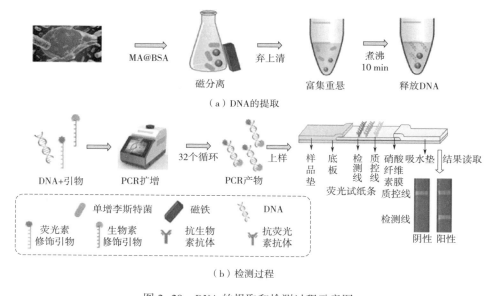

（a）DNA 的提取

（b）检测过程

图 2-28　DNA 的提取和检测过程示意图

通过检测浓度为 $1.7 \times 10^8 \sim 1.7 \times 10^1$ CFU/mL 范围内的单增李斯特菌以测定本方法的灵敏度。如图 2-29（a）所示，当单增李斯特菌浓度增加时，检测线荧光条带强度逐渐增加，检出限为 1.7×10^2 CFU/mL。此外，在 $1.7 \times 10^8 \sim 1.7 \times 10^2$ CFU/mL 范围内，检测线灰度值与单增李斯特菌浓度之间存在良好的线性关系。线性方程为 $Y = 0.056 + 2.247X$，相关系数 R^2 为 0.972，其中 Y

代表检测线的灰度值，*X* 代表单增李斯特菌浓度。传统琼脂糖凝胶法检测产物的检出限为 $1.7×10^7$ CFU/mL。因此，与传统的琼脂糖凝胶法相比，荧光试纸条是一种快速、灵敏度高、特异性强的检测方法，总的检测时间在 2 h 内，包括 PCR 和试纸条检测。

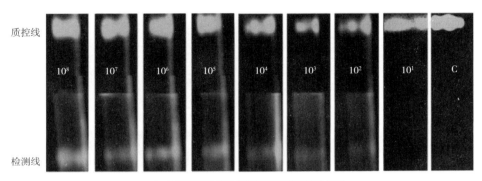

（a）不同浓度单增李斯特菌的荧光试纸条图

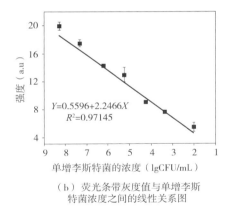

（b）荧光条带灰度值与单增李斯特菌浓度之间的线性关系图

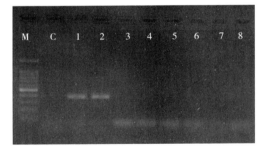

（c）琼脂糖凝胶电泳图（1~8：10^8 CFU/mL、10^7 CFU/mL、10^6 CFU/mL、10^5 CFU/mL、10^4 CFU/mL、10^3 CFU/mL、10^2 CFU/mL、10^1 CFU/mL）

图 2-29　检测灵敏度结果

2.3.5　检测特异性研究

　　分别对大肠杆菌 O157：H7、鼠伤寒沙门氏菌、金黄色葡萄球菌、副溶血性弧菌和铜绿假单胞菌进行了检测。单增李斯特菌作为阳性对照，PBS 缓冲溶液作为空白对照。如图 2-30 所示，与空白对照组相比，其他 5 种食源性致病菌的检测线没有荧光条带，而单增李斯特菌的检测线有明显的荧光条带。

表明该方法对单增李斯特菌具有特异性，这是归因于单增李斯特菌的适配体和特异性基因 *hly* 引物的双重识别作用。

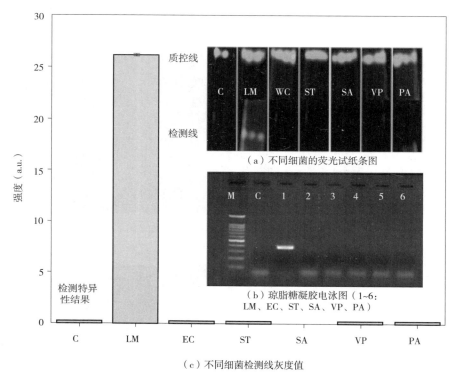

（a）不同细菌的荧光试纸条图

（b）琼脂糖凝胶电泳图（1~6：LM、EC、ST、SA、VP、PA）

（c）不同细菌检测线灰度值

图 2-30　检测特异性结果

2.3.6　荧光试纸条对猪肉中单增李斯特菌的检测

为了验证该检测方法可以在实际样品中应用，对猪里脊加标样品检测。如图 2-31 所示，对单增李斯特菌的检出限为 10^2 CFU/mL。此外，在 $10^8 \sim 10^2$ CFU/mL 范围内，检测线灰度值与样品浓度之间存在良好的线性关系，线性方程为 $Y = -0.888 + 2.405X$，相关系数 R^2 为 0.992。同时，计算了不同浓度的回收率及其变异系数。如表 2-1 所示，回收率在 91.1%~97.1%，变异系数小于 23.4%。以上结果表明，此方法在实际样品检测中也具有良好的应用前景。同时如表 2-2 所示，与最近报道的检测单增李斯特菌的其他检测方法相比，此方法的检测体系在灵敏度和检测时间方面表现出更好的性能。

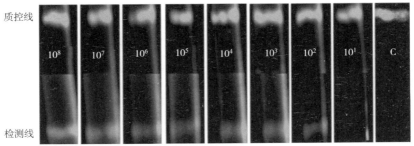

（a）含不同浓度单增李斯特菌的猪肉检测荧光试纸条图

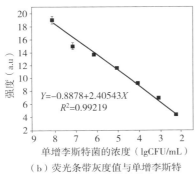

$Y=-0.8878+2.40543X$
$R^2=0.99219$

（b）荧光条带灰度值与单增李斯特
菌浓度之间的线性关系

（c）琼脂糖凝胶电泳图（1~8：10^8 CFU/mL、
10^7 CFU/mL、10^6 CFU/mL、10^5 CFU/mL、10^4 CFU/mL、
10^3 CFU/mL、10^2 CFU/mL、10^1 CFU/mL）

图 2-31　荧光试纸条检测结果

表 2-1　实际加标样品的回收率和变异系数（CV）

样品	加标量（lgCFU/mL）	检测量±SD（lgCFU/mL）		回收率（%）		变异系数（%）	
		本研究	平板计数法	本研究	平板计数法	本研究	平板计数法
猪肉	3.11	3.09±2.45	3.10±1.67	93.7	97.9	22.9	3.7
	4.11	4.09±3.46	4.13±2.62	93.8	104.4	23.4	3.1
	5.11	5.10±4.36	5.09±3.47	97.1	93.9	18.0	2.4
	6.11	6.07±5.44	6.11±4.69	91.1	98.5	23.3	3.8

表 2-2　基于磁分离和 PCR 的单增李斯特菌检测方法对比

检测方法	检出限	检测时间
RT-PCR	14CFU/25mL	富集培养
qPCR	10^3 CFU/g	—

续表

检测方法	检出限	检测时间
IMS-qPCR	9.7CFU/25g	4d
IMS-FICA	$1×10^4$CFU/mL	3h
aPCR-RCA	4.8CFU/mL	21.5h
MS-PCR-FICA	10^2CFU/mL	3h

2.3.7 小结

（1）利用 Fe_3O_4 通过共价偶联适配体建立了磁分离体系用于检测过程的前处理，制备 MA@BSA 时适配体的最佳用量为 5 mg Fe_3O_4 加入 40 μL 适配体，MA@BSA 最佳使用量为 200 μL/mL 样品液，最佳捕获时间为 40 min，对单增李斯特菌的捕获效率最高为（95±0.1)%。

（2）建立了一种基于磁分离前处理和 DNA 扩增的单增李斯特菌高灵敏荧光试纸条检测方法。单增李斯特菌浓度为 $1.7×10^8 \sim 1.7×10^2$ CFU/mL 时，荧光条带灰度值与浓度之间存在良好的线性关系，线性方程为 $Y = 0.056 + 2.247X$，相关系数 R^2 为 0.972，单增李斯特菌的检出限为 $1.7×10^2$ CFU/mL。

（3）对加标猪肉样品中单增李斯特菌的检出限为 10^2 CFU/mL，荧光条带灰度值与单增李斯特菌浓度之间存在良好的线性关系，线性方程为 $Y = -0.888+2.405X$，相关系数 R^2 为 0.992。同时猪肉加标样品的检测结果回收率在 91.1%~97.1%，变异系数小于 23.4%。该方法灵敏度高、特异性强，具有应用于动物源食品中单增李斯特菌快速检测的潜力。

2.4 多通道免疫层析试纸同步检测 3 种食源性致病菌研究

食源性致病菌在生活中不可避免，严重威胁人体健康。每年因食源性致病菌而死亡的人数高达 300 多万。因此提高检测效率、简化检测过程、缩短检测时间、能同时检测多种致病菌成为研究的重点。多重 PCR 是在同一 PCR 反应体系里加 2 对以上引物，同时扩增出多个核酸片段的 PCR 反应，其反应原理、反应试剂和操作过程与一般 PCR 相同，被广泛应用于同步检测多种致病菌中。AuNPs 作为可视化检测常用的一种信号探针纳米材料，具有良好的稳定性以及有着易与蛋白质、核酸等结合的特性。

本节建立了一种单增李斯特菌、大肠杆菌 O157∶H7、鼠伤寒沙门氏菌多通道试纸条检测方法。通过磁分离前处理方法分离 3 种目标菌，提取 DNA 并进行多重 PCR 扩增。PCR 产物与 AuNPs 在酸性条件下结合，并通过多重试纸条可直接观察结果。该方法利用 PCR 扩增和 AuNPs 信号放大的优点，灵敏度高。

2.4.1　材料的表征

通过透射电镜可以看出 AuNPs 和 AuNP@PCR 产物呈均匀椭圆球形，AuNP@PCR 产物上有一层薄膜包被 AuNPs［图 2-32（a）和图 2-32（b）］，AuNPs 的尺寸为 50~75 nm，AuNP@PCR 产物的尺寸增加到 100~150 nm［图 2-33（a）］，AuNPs 的最大吸收峰在 525 nm，AuNP@PCR 产物没有明显的吸收峰［图 2-33（b）］。

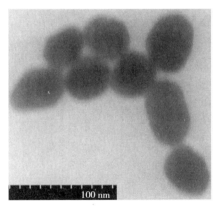 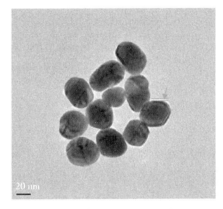

（a）AuNPs　　　　　　　　　　（b）AuNP@PCR

图 2-32　AuNPs 和 AuNP@PCR 产物的 TEM 图

AuNPs 的 FT-IR 光谱［图 2-34（a）］，1249 cm^{-1}、1452 cm^{-1} 和 3240 cm^{-1} 的峰分别是由于 C—CH$_3$ 的拉伸振动和亚甲基 C—H 的弯曲振动，羟基官能团的 O—H 拉伸振动引起的。AuNP@PCR 产物的 FT-IR 光谱比 AuNPs 具有更多的峰，是因为 DNA、生物素、FITC 和地高辛等的存在，其官能团更为复杂。AuNPs 和 AuNP@PCR 产物的 zeta 电位分别为（-26.4±1.2）mV 和

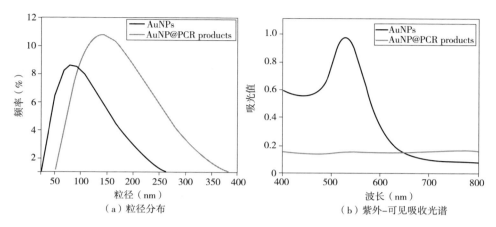

（a）粒径分布　　　　　　　　　　（b）紫外–可见吸收光谱

图 2-33　AuNPs 和 AuNP@PCR 产物的粒径分布及紫外–可见吸收光谱

（−37.75±1.5）mV［图 2-34（b）］，这些变化说明 AuNPs 与 PCR 产物成功偶联，这归因于 PCR 产物中含有 SH 修饰的引物，SH 经过还原后与 AuNPs 在酸性环境中易连接。

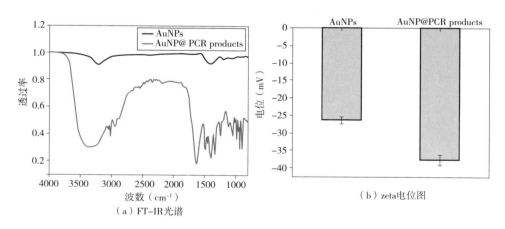

（a）FT–IR光谱　　　　　　　　　（b）zeta电位图

图 2-34　AuNPs 和 AuNP@PCR 产物的 FT–IR 光谱和 zeta 电位图

2.4.2　多重 PCR 的条件优化

2.4.2.1　退火温度的优化

为了保证多重 PCR 反应可以特异性的获得每个特异 PCR 产物，对退火温度（62.2℃、60℃、58.8℃、56.2℃、55.5℃、53℃、50℃、48.8℃）进行了优化。多重 PCR 产物为 360 bp、495 bp 和 678 bp，分别对应单增李斯特菌、鼠伤寒沙门氏菌和大肠杆菌 O157：H7 的特异性基因。利用 image J 软件对电泳条带的灰度值进行测量和分析。凝胶电泳图 [图 2-35 (a)] 表明，退火温度在 62.2℃时大肠杆菌 O157：H7 和单增李斯特菌的产物条带较弱，在 60℃、58.8℃、56.2℃、55.5℃、53℃时 3 种致病菌均可扩增出对应条带，阴性对照无 PCR 产物，只有引物二聚体。通过 imageJ 软件对 3 个条件的灰度进行分析，结果表明在退火温度为 53℃时，3 个目标条带灰度值最高 [图 2-35 (b)]，因此选取最佳退火温度为 53℃。

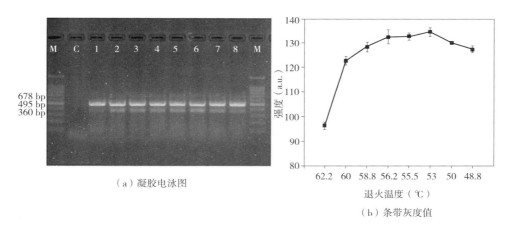

（a）凝胶电泳图

（b）条带灰度值

图 2-35 多重 PCR 退火温度的凝胶电泳图（1~8：62.2 ℃、60 ℃、58.8 ℃、56.2 ℃、55.5 ℃、53 ℃、50 ℃、48.8 ℃）和条带灰度值

2.4.2.2 多重 PCR 引物浓度的优化

如图 2-36 (a) 所示，9 个引物浓度测试组中鼠伤寒沙门氏菌的 *hut* 基因产物均表现出较强的条带，大肠杆菌 O157：H7 在 2 和 3 测试组中条带较弱。剩余检测组中 3 种致病菌均可扩增出较多的产物，阴性对照无 PCR 产物，只有引物二聚体。通过 image J 软件对 9 个引物浓度检测组的灰度进行分析，结果表明在检测组 9 时，即 3 对引物浓度均为 0.8 μmol/L 时目标条带灰度值最高（图 2-36）。因此，选取 3 种引物对浓度都为 0.8 μmol/L 时为最适引物浓度（表 2-3）。

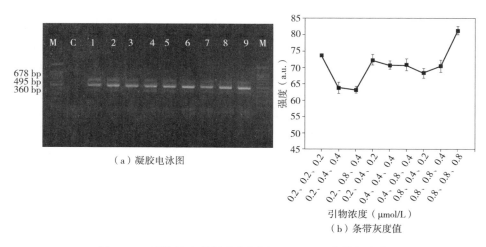

（a）凝胶电泳图

（b）条带灰度值

引物浓度（μmol/L）

图 2-36　引物浓度的凝胶电泳图（1~9）和条带灰度值

表 2-3　引物浓度 L_9（3^3）正交试验设计

试验号	引物终浓度（μmol/L）		
	大肠杆菌 O157：H7	鼠伤寒沙门氏菌	单增李斯特菌
1	0.2	0.2	0.2
2	0.2	0.4	0.4
3	0.2	0.8	0.8
4	0.4	0.2	0.4
5	0.4	0.2	0.8
6	0.4	0.8	0.2
7	0.8	0.2	0.8
8	0.8	0.4	0.2
9	0.8	0.8	0.8

2.4.3　多通道试纸条抗体浓度的优化

检测线上的抗体浓度对试纸条的检测和成本至关重要，本实验分别优化了 0.4 mol/L、0.6 mol/L、0.8 mol/L 和 1 mol/L 浓度下的抗生物素抗体、抗 FITC 抗体和抗地高辛抗体。结果发现，当 3 种抗体浓度均为 1 mol/L 时，条带颜色最明显，image J 软件分析的红色条带灰度值进一步证实 3 种抗体的最佳浓度为 1 mol/L（图 2-37）。因此，以 53 ℃ 为退火温度、3 对引物浓度均为 0.8 μmol/L、3 种抗体浓度均为 1 mol/L 作为检测的最佳条件。

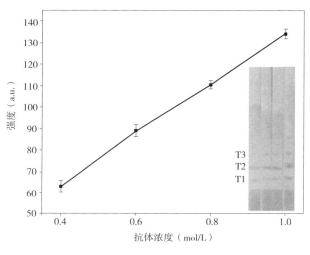

图 2-37　抗体浓度的优化

2.4.4　多通道试纸条的检测方法及原理

以单增李斯特菌、鼠伤寒沙门氏菌和大肠杆菌 O157：H7 为检测对象，采用煮沸 10 min 提取细菌 DNA，与传统溶剂提取和商品化试剂盒相比，具有简单、快速、经济、环保等优点。以鼠伤寒沙门氏菌 *hut* 基因、大肠杆菌 O157：H7 *rfb*E 基因和单增李斯特菌 *hly* 基因为特异性片段进行扩增。将 *hut*、*rfb*E 和 *hly* 基因的正向引物分别用 SH 标记，将 *hut*、*rfb*E 和 *hly* 基因的反向引物分别用 FITC、地高辛和生物素标记，进行多重 PCR 反应。AuNPs 通过传统的柠檬酸钠还原法制备，净煮沸后得到酒红色溶液。得到的反应产物在柠檬酸缓冲液中与 AuNPs 偶联，然后用 BSA 封闭 AuNPs 上剩余的位点，得到 AuNP-PCR 产物-BSA 复合物。将 AuNP-PCR 产物-BSA 加到 LFIA 试纸条样品垫上进行检测，其将沿 LFIA 向吸收垫迁移。到达 NC 膜后，T1 上的抗生物素抗体捕获生物素，T2 上的抗 FITC 抗体捕获 FITC，T3 上的抗地高辛抗体捕获地高辛。如果样品中含有目标细菌，对应的 T 线会呈现红色。随着 PCR 产物的积累，T 线上的红色条带会逐渐加深。相反，如果样品中没有目标菌，T 线上不会出现红色条带（图 2-38）。

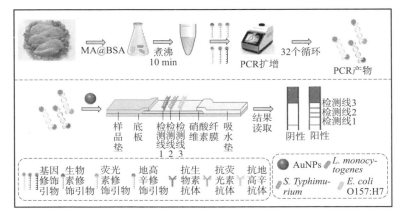

彩图

图 2-38 多重 PCR 和目标菌检测过程

2.4.5 检测灵敏度研究

将不同细菌的 DNA 依次稀释到 70 ng/μL、35 ng/μL、17.5 ng/μL、8.8 ng/μL、4.4 ng/μL、2.2 ng/μL、1.1 ng/μL、0.6 ng/μL、0.3 ng/μL、0.15 ng/μL 和 0.075 ng/μL。DNA 进行多重 PCR 扩增，无菌 ddH$_2$O 作为对照以同样的方式进行。多重 PCR 扩增后，PCR 产物与 AuNPs 偶联，利用多通道试纸条检测。同时 PCR 产物采用 2% 琼脂糖凝胶电泳分析，并在凝胶成像仪进行观察作为对照。多通道试纸条对单增李斯特菌基因组 DNA 的检出限为 0.15 ng/μL，鼠伤寒沙门氏菌为 0.15 ng/μL，大肠杆菌 O157：H7 为 0.6 ng/μL。传统琼脂糖凝胶法对单增李斯特菌、鼠伤寒沙门氏菌和大肠杆菌 O157：H7 检测 DNA 的检出限为 1.1 ng/μL（图 2-39），灵敏度低于多通道试纸条检测法。

在优化条件下，研究了多通道试纸条对 3 种细菌的检测灵敏度。用 PBS 缓冲溶液稀释对数生长期细菌，制备不同浓度（10^9~10^1 CFU/mL）的单增李斯特菌、鼠伤寒沙门氏菌和大肠杆菌 O157：H7，用平板计数法定量。利用多通道试纸条进行检测，结果表明，传统琼脂糖凝胶法对单增李斯特菌、鼠伤寒沙门氏菌和大肠杆菌 O157：H7 的检出限分别为 0.9×10^7 CFU/mL、1.2×10^7 CFU/mL、1.5×10^7 CFU/mL。多通道试纸条对单增李斯特菌、鼠伤寒沙门氏菌和大肠杆菌 O157：H7 的检出限分别为 1.0×10^1 CFU/mL、1.0×10^2 CFU/mL、1.6×10^2 CFU/mL（图 2-39）。与传统琼脂糖凝胶法相比，多通道试纸条对单

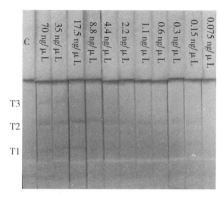

（a）多通道试纸条检测DNA的灵敏度

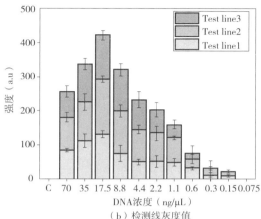

（b）检测线灰度值

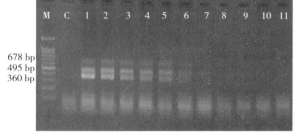

（c）琼脂糖凝胶（1~11：70 ng/μL、35 ng/μL、17.5 ng/μL、8.8 ng/μL、4.4 ng/μL、2.2 ng/μL、1.1 ng/μL、0.6 ng/μL、0.3 ng/μL、0.15 ng/μL和0.075 ng/μL）

图 2-39　多通道试纸条对三种细菌的 DNA 检测结果

增李斯特菌的检测灵敏度提高了 10^6 CFU/mL，对鼠伤寒沙门氏菌和大肠杆菌 O157：H7 的检测灵敏度提高了 10^5 CFU/mL。这种改进是由于 AuNPs 的信号放大作用，而且多通道试纸条检测方便快速，琼脂糖凝胶法费时、有毒且需要凝胶成像仪设备。通过 image J 分析，检测线的颜色与相应细菌的浓度呈良好的线性关系。单增李斯特菌浓度 $1.0×10^9 ~ 0.8×10^1$ CFU/mL 范围内的线性方程为 $Y = 33.29 + 32.50X$，相关系数 R^2 为 0.941，在鼠伤寒沙门氏菌浓度 $1.0×10^9 ~ 1.1×10^2$ CFU/mL 范围内的线性方程为 $Y = -74.08 + 57.02X$，相关系数 R^2 为 0.996，在大肠杆菌 O157：H7 浓度 $1.6×10^9 ~ 1.5×10^2$ CFU/mL 范围内的线性方程为 $Y = -64.36 + 43.91X$，相关系数 R^2 为 0.962（图 2-40）。

多通道试纸条检测法采用 PCR 扩增和 AuNPs 信号放大，提高了检测食源性

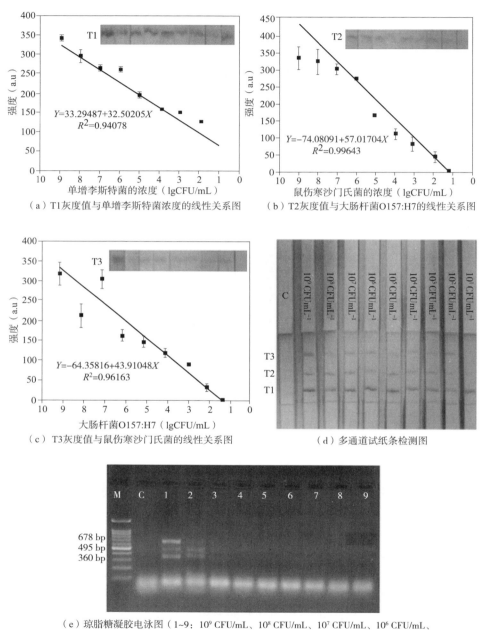

（a）T1灰度值与单增李斯特菌浓度的线性关系图

（b）T2灰度值与大肠杆菌O157:H7的线性关系图

（c）T3灰度值与鼠伤寒沙门氏菌的线性关系图

（d）多通道试纸条检测图

（e）琼脂糖凝胶电泳图（1~9：10^9 CFU/mL、10^8 CFU/mL、10^7 CFU/mL、10^6 CFU/mL、10^5 CFU/mL、10^4 CFU/mL、10^3 CFU/mL、10^2 CFU/mL、10^1 CFU/mL）

图2-40　对三种细菌的检测灵敏度

致病菌的灵敏度。通过与近年来报道的基于 PCR 和 AuNPs 的食源性致病菌检测方法进行比较，本方法在灵敏度和时间方面表现出更好的性能（表 2-4）。

表 2-4 本研究与已报道的食源性致病菌同步检测方法的比较

检测方法	检测目标	检测限	检测时间
Antibody-AuNP-MNPs	SA	1.5×10^3 CFU/mL	>24 h
7-plex PCR	SE，EC	3 CFU/10g	>16 h
Chemiluminescence-IMS	EC，YE，ST，LM	10^4 CFU/mL	>18 h
real-time PCR-SEL	LM，ST，EC	10 CFU	>21 h
IMS-PMA-mPCR	LM，ST，EC	10^2 CFU/mL	4.5 h
MCE-mPCR	LM，ST，EC	85 CFU/mL	>20 h
F-AuNPs-mPCR	LM，ST，EC	50pg/μL	>3.5 h
NALFIA-PCR	genus *listeria*	—	>24 h
RPA-LFIA	VP，SA，SE，EC，LM	10^1 CFU/mL	>3 h
本研究	LM，ST，EC	10^2 CFU/mL	4 h

注 LM：单增李斯特菌；ST：鼠伤寒沙门氏菌；EC：大肠杆菌 O157：H7；SA：金黄色葡萄球菌；SE：肠炎沙门氏菌；YE：小肠结肠炎耶尔森氏菌；VP：副溶血性弧菌

2.4.6 检测特异性研究

多通道试纸条对其他 3 种食源性致病菌（包括金黄色葡萄球菌、副溶血性弧菌和铜绿假单胞菌）进行了检测以评价该方法检测的特异性。同时，利用传统琼脂糖凝胶验证了多重 PCR 的准确性。多通道试纸条检测线上的红色条带只有当相应的细菌存在时才会出现。在其他食源性致病菌存在时，无明显的条带出现（图 2-41）。因此，多通道试纸条具有很强的特异性，这归因于特异性适配体和特异性引物的双重识别作用，确保了目标细菌的准确检测。

2.4.7 鸡肉样品中 3 种致病菌的检测

对不同浓度（$10^8 \sim 10^1$ CFU/mL）单增李斯特菌、鼠伤寒沙门氏菌和大肠杆菌 O157：H7 的加标鸡胸肉样品进行检测，检出限分别为 0.3×10^1 CFU/mL、2.0×10^1 CFU/mL 和 3.5×10^2 CFU/mL，回收率为 92.7% ~ 112.1%，变异系数小

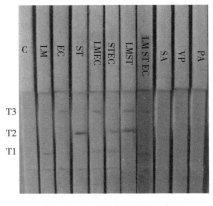

（a）不同细菌的多通道试纸条图

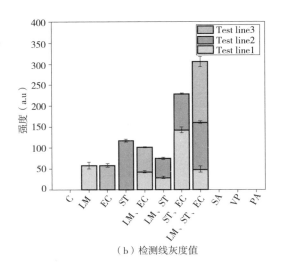

（b）检测线灰度值

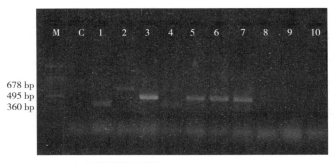

（c）琼脂糖凝胶电泳图（1~10: LM、EC、ST、LM&EC、
ST&EC、LM&ST、LM&ST&EC、SA、VP、PA）

图2-41　检测特异性结果

于8.73%（表2-5）。采用传统琼脂糖凝胶法作为对照，单增李斯特菌、鼠伤寒沙门氏菌和大肠杆菌的检出限分别为 0.5×10^7 CFU/mL、1.9×10^7 CFU/mL、3.7×10^7 CFU/mL（图2-42）。为了进行比较，分别采用商业试纸条检测单增李斯特菌、鼠伤寒沙门氏菌和大肠杆菌 O157：H7，其检出限分别为 9.2×10^7 CFU/mL、1.2×10^6 CFU/mL、1.6×10^6 CFU/mL（图2-43）。与商业试纸条相比，多通道试纸条对单增李斯特菌、鼠伤寒沙门氏菌、大肠杆菌 O157：H7 的检出限分别提高了 10^6 CFU/mL、10^5 CFU/mL 和 10^4 CFU/mL，且可同步读取结果，具有方便、成本低的特点。因此，本方法具有较高的灵敏度和准确性，在实际样品中同时检测多种食源性致病菌方面具有广阔的应用前景。

表 2-5 鸡胸肉加标样品的回收率和变异系数（CV）

加标量 (lg CFU/mL)	检测量±SD（lg CFU/mL）		回收率（%）		变异系数（%）	
	本研究	平板计数法	本研究	平板计数法	本研究	平板计数法
LM 4.70	4.70±3.19	4.71±3.07	99.4	102.9	3.11	2.28
5.70	5.70±4.23	5.69±4.14	100.9	98.0	3.36	7.28
6.70	6.73±5.42	6.69±5.15	106.7	97.5	4.92	2.90
ST 5.28	5.30±3.92	5.26±3.70	105.2	96.6	4.17	2.72
6.28	6.29±4.82	6.28±4.66	103.6	99.5	3.38	2.40
7.28	7.33±6.27	7.29±5.55	112.1	102.1	8.73	1.84
EC 5.58	5.55±4.13	5.58±3.97	92.9	99.7	3.81	2.44
6.58	6.55±5.27	6.58±4.26	92.7	100.7	5.23	0.47
7.58	7.60±6.27	7.57±5.35	104.8	97.4	4.69	0.60

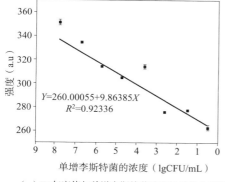

（a）T1灰度值与单增李斯特菌浓度的线性关系图

$Y=260.00055+9.86385X$
$R^2=0.92336$

$Y=-6.53147+20.99952X$
$R^2=0.91424$

（b）T2灰度值与鼠伤寒沙门氏菌的线性关系图

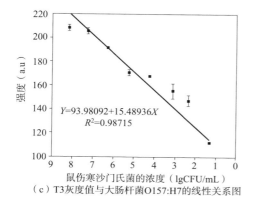

$Y=93.98092+15.48936X$
$R^2=0.98715$

（c）T3灰度值与大肠杆菌O157:H7的线性关系图

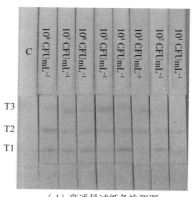

（d）高通量试纸条检测图

图 2-42

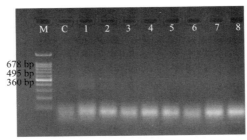

（e）琼脂糖凝胶电泳图（1~8：10^8 CFU/mL、10^7 CFU/mL、10^6 CFU/mL、
10^5 CFU/mL、10^4 CFU/mL、10^3 CFU/mL、10^2 CFU/mL、10^1 CFU/mL）

图 2-42　多通道试纸条对加标样品中三种菌的检测结果

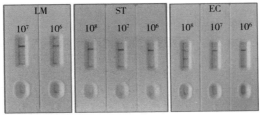

图 2-43　商业试纸条检测单增李斯特菌、鼠伤寒沙门氏菌和大肠杆菌 O157：H7 的结果

2.4.8　小结

（1）建立了一种新型的能同时检测单增李斯特菌、沙门氏菌和大肠杆菌 O157：H7 的多通道试纸条检测方法。该方法利用 PCR 扩增和 AuNPs 信号放大，灵敏度高。单增李斯特菌、鼠伤寒沙门氏菌、大肠杆菌 O157：H7 的检出限分别为 10^1 CFU/mL、10^2 CFU/mL 和 10^2 CFU/mL。另外，检测线的灰度值与相应细菌的浓度呈良好的线性关系。在单增李斯特菌浓度范围内的线性方程为 $Y = 33.29 + 32.50X$，相关系数 R^2 为 0.941，在鼠伤寒沙门氏菌浓度范围内的线性方程为 $Y = -74.08 + 57.02X$，相关系数 R^2 为 0.996，在大肠杆菌 O157：H7 浓度范围内的线性方程为 $Y = -64.36 + 43.91X$，相关系数 R^2 为 0.962。

（2）在鸡胸肉加标样品中，单增李斯特菌、鼠伤寒沙门氏菌、大肠杆菌 O157：H7 的检出限分别为 0.3×10^1 CFU/mL、2.0×10^1 CFU/mL 和 3.5×10^2 CFU/mL，回收率在 92.7%~112.1%，变异系数小于 8.73%。结果表明，本研究建立的检测方法灵敏度高且特异性强，在检测多种食源性致病菌中具有良好的应用前景。

第3章

食源性致病菌比色传感快速检测技术的研究

近年来，生物传感检测技术发展快速，具有集成度高、快速和操作简单的特点。针对食品危害因子现场风险筛查的需求，荧光和比色传感法依靠检测实时性高、成本低等优势，是食源性致病菌检测方法的重要发展方向之一。动物源食品中致病菌的检测具有食品基质复杂、初始污染浓度较低的特点，检测信号受肉类基质干扰较大，对食源性致病菌的分离富集和精准检测具有挑战性。开发可以消除基质干扰、精准识别和富集食源性致病菌的样品前处理措施，是提高检测灵敏度和准确性的关键。磁分离技术利用磁珠的磁响应性和生物兼容性，具有靶向特异性强、分离速度快、操作简单等优点，可实现对致病菌精准、快速的分离和富集。与传统的增菌培养、离心和过滤等前处理方法相比，磁分离技术是较为理想的食源性致病菌快速检测前处理手段。

因此，本章主要探究了基于磁分离技术的单增李斯特菌纳米金比色与荧光传感快速检测方法，开发了高灵敏和精准的致病菌检测方法。另外，本章通过结合多重 PCR 技术，开发了单增李斯特菌、沙门氏菌和大肠杆菌 O157：H7 的同步检测方法，实现了 3 种食源性致病菌的快速同步可视化检测。本章试验为针对于动物源性食品基质的致病菌磁分离前处理技术提供了理论参考，为发展高灵敏度和高效率的食源性致病菌检测技术提供了新的方向。

3.1 双识别策略结合荧光传感检测单增李斯特菌研究

磁性纳米颗粒（MNPs）与 MOFs 结合可形成功能化磁性材料，以改善磁性材料本身的性能。许多不同类型的纳米颗粒可以嵌入 MOFs 中，并且可以通过将 MOFs 作为磁内核上的壳层来合成纳米复合材料。虽然在磁内核（Fe_3O_4）上生长 MOFs 壳后，MNPs 磁化强度有所下降，但与单一磁性材料相比，复合材料具有易于吸附和分离等优点，并通过减少材料损失，使 MOFs 具有高度的可回收性。

沸石咪唑酸盐骨架（ZIF）是 MOFs 的一个亚类，是一种应用广泛的多孔材料，由咪唑或咪唑酸盐桥联配体连接的无机金属节点组成。Fe_3O_4 磁性纳米颗粒具有超顺磁性，可用于磁分离和回收，使得检测高效化。此外，由 Fe_3O_4 和 ZIF-8 组成的具有核壳结构的复合材料（Fe_3O_4@ZIF-8）展示了 ZIF-8 和 Fe_3O_4 磁性纳米颗粒的优点，并在检测领域有着广阔的应用前景。

荧光增强检测方法已经多次出现在以往的研究中，并且在这些研究中选择异硫氰酸荧光素（FITC）作为荧光材料。荧光增强是因为当 FITC 标记的蛋白质与靶标结合时，分子相互作用界面处的环境变为疏水环境，荧光物质在疏水环境中将增强其荧光强度，产生荧光增强效应。此外，基于荧光增强原理的检测方法便捷、高效。

因此本研究建立了一种基于荧光增强效应的高灵敏度单增李斯特菌检测方法。采用溶剂热法合成了 Fe_3O_4，通过原位合成在其表面生长 ZIF-8 后得到 Fe_3O_4@ZIF-8。将适配体通过简单室温振荡吸附在 Fe_3O_4@ZIF-8 表面，旨在特异性捕获单增李斯特菌，从而可以通过磁分离对其进行收集和富集。为了放大检测信号，将 SA-FITC 和 antibody-biotin 通过链霉亲和素和生物素之间极强的特异性结合，共轭为 SA-FITC-antibody-biotin（SF-AB），并用作目标识别和荧光探针。当 SF-AB 与磁分离收集物混合时，在目标菌存在下将形成三明治型复合物，FITC 标记的荧光探针与目标菌之间的特异性结合，使分子相互作用界面的环境变为疏水环境，增加了溶液的荧光信号，达到了定量检测的目的。同时，基于适配体和抗体的双识别作用，为检测提供了较强的特异性。

3.1.1 Fe_3O_4@ZIF-8 的制备与表征

本研究的核心材料 Fe_3O_4@ZIF-8 是通过在 Fe_3O_4 表面原位生成 ZIF-8，再经过层层组装增加外壳 ZIF-8 的厚度从而制备合成的。同时，将 Fe_3O_4、ZIF-8 以及 Fe_3O_4@ZIF-8 通过透射电镜（TEM）、傅里叶红外光谱图（FT-IR）、XPS 光谱、VSM 磁滞曲线、zeta 电位和粒度分布进行了表征。TEM 证实了具有核壳结构的 Fe_3O_4@ZIF-8 复合材料的成功制备。如图 3-1 所示，

Fe₃O₄晶体呈微球形态且分散均匀，微球尺寸在 200~300 nm，ZIF-8 已经在 Fe₃O₄微球表面原位生成且形成了逐层覆盖，同时可以看出单个的 ZIF-8 尺寸约为 50 nm。TEM 直观地展现了 Fe₃O₄@ ZIF-8 的核壳结构，表明了复合材料的成功制备。

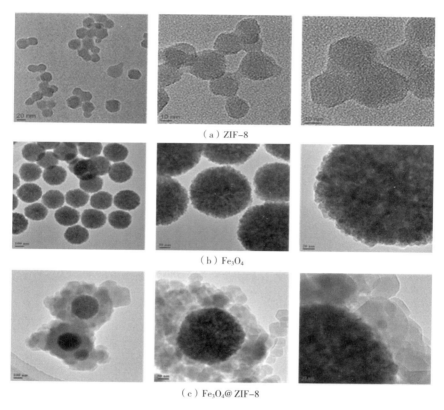

（a）ZIF-8

（b）Fe₃O₄

（c）Fe₃O₄@ ZIF-8

图 3-1　ZIF-8、Fe₃O₄以及 Fe₃O₄@ ZIF-8 的 TEM 图

如 XRD 图（图 3-2）所示，Fe₃O₄ 和 Fe₃O₄@ ZIF-8 复合材料在 $2\theta =$ 29.9°、35.6°、43.2°、56.8°和 62.7°处有相同的衍射峰，这些衍射峰可以被索引为标准 Fe₃O₄卡片的（220）、（311）、（400）、（511）和（440）。Fe₃O₄@ ZIF-8 在 7.5°（011）、10.5°（002）、12.8°（112）和 18.2°（222）处不属于 Fe₃O₄的峰与 ZIF-8 的衍射峰一一对应。此外，Fe₃O₄@ ZIF-8 复合材料的 XRD 图谱显示出与之前报道的 Fe₃O₄@ ZIF-8 结晶存在相似的峰，进一步表明 Fe₃O₄@ ZIF-8 复合材料的成功制备。

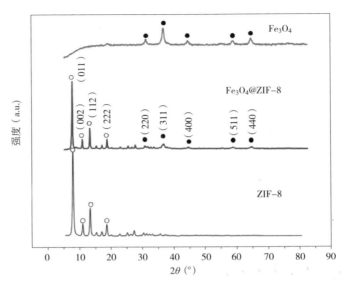

图 3-2　Fe$_3$O$_4$、ZIF-8 以及 Fe$_3$O$_4$@ ZIF-8 的 XRD 图

在 FT-IR 光谱（图 3-3）中，由 Fe$_3$O$_4$ 的红外光谱图可以看出，1421 cm^{-1} 和 1626cm^{-1} 处的光谱可以对应于 Fe$_3$O$_4$ 表面上的羧基，584 cm^{-1} 处的峰值归因

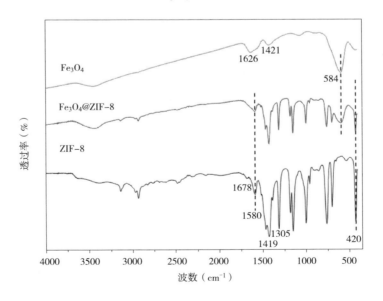

图 3-3　Fe$_3$O$_4$、ZIF-8 以及 Fe$_3$O$_4$@ ZIF-8 的 FT-IR 图

于 Fe—O 键。对于 ZIF - 8，3500 cm^{-1} 至 2250 cm^{-1} 的谱带被归因到 —NH—、—CH$_3$ 和—OH（Zn—OH）基团的拉伸振动，1579 cm^{-1} 和 1678 cm^{-1} 的峰值分别源自咪唑中的 N—H 振动弯曲和拉伸。1500 cm^{-1} 至 1350 cm^{-1} 的光谱与整个环的拉伸有关，420 cm^{-1} 处的峰值源自 Zn—N 的拉伸模式。除了在 584 cm^{-1} 处的峰值（属于 Fe—O 键），本研究制备的 Fe$_3$O$_4$@ZIF-8 的 FT-IR 光谱与 ZIF-8 非常相似。由以上分析可知 Fe$_3$O$_4$@ZIF-8 复合材料的成功制备。

　　Fe$_3$O$_4$ 和 Fe$_3$O$_4$@ZIF-8 的磁滞曲线如图 3-4 所示。Fe$_3$O$_4$ 和 Fe$_3$O$_4$@ZIF-8 的饱和磁化强度分别为 61.8 emu/g 和 21.1 emu/g，Fe$_3$O$_4$@ZIF-8 的磁化强度比 Fe$_3$O$_4$ 弱，但其磁性仍能满足分离要求。将 5 mg 的 Fe$_3$O$_4$ 和 Fe$_3$O$_4$@ZIF-8 分别溶于 1 mL PBS 中，用磁铁进行磁吸，通过观察可知 Fe$_3$O$_4$ 仅需 5 s，其磁分离后的上清液就变澄清，而 Fe$_3$O$_4$@ZIF-8 则需要 25 s 左右，这也进一步解释了两种材料的饱和磁强度的不同。

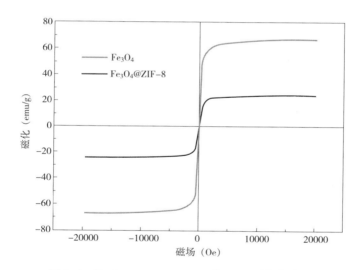

图 3-4　Fe$_3$O$_4$、Fe$_3$O$_4$@ZIF-8 的 VSM 磁化曲线图

　　采用 X 射线光电子能谱（XPS）分析了 Fe$_3$O$_4$@ZIF-8 的结构。如图 3-5（a）所示，XPS 测量光谱显示 Fe$_3$O$_4$@ZIF-8 的光电子峰为 Zn 2p（1021.87 eV）、Fe 2p（711.10 eV）、C 1s（284.92 eV）、N 1s（399.15 eV）和 O 1s（531.31 eV）。在图 3-5（b，d）中，Fe$_3$O$_4$@ZIF-8 的 Zn 2p 光谱显示 Zn 2p1/2 和 Zn 2p3/2 的自旋轨道分别在 1045.00 eV 和 1022.00 eV 处具有强信号，而 C 1s 光谱显示 C-sp^3、C—O 和 C≡O 基团分别对应于 284.80 eV、285.80 eV 和288.60 eV。如图

3-5（c）所示，N 1s 的 XPS 扫描显示—NH 和 C ═N—分别对应于 399.10 eV 和 400.50 eV。O 1s 光谱信号由位于 531.60 eV 和 532.66 eV 处的两个峰组成 ［图3-5（e）］，可分别归属于与锌离子相互作用的羟基（Zn—OH）和H_2O。

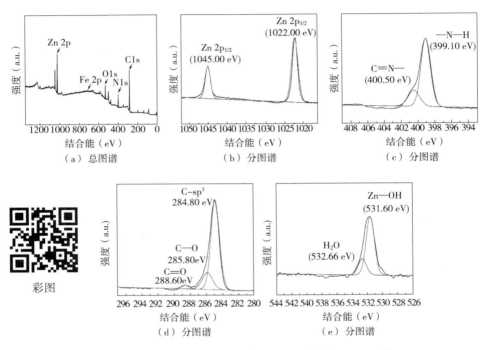

图 3-5　Fe_3O_4@ ZIF-8 的 X 射线光电子能谱（XPS）图

如图 3-6 所示，对比 Fe_3O_4 和 Fe_3O_4@ ZIF-8 的粒径分布图可看出 Fe_3O_4@ ZIF-8 的平均粒径 ［（451.0±2.1）nm］因 Fe_3O_4 表面具有 ZIF-8 多层外壳从而比 Fe_3O_4 的平均粒径 ［（211.9±4.9）nm］显著增加，而其 zeta 电位由于 ZIF-8 在 Fe_3O_4 表面原位生成也从（−50.4±1.4）mV（Fe_3O_4）变化为（−38.7±1.4）mV（Fe_3O_4@ ZIF-8），证实了复合材料的成功合成。

3.1.2　磁性材料对单增李斯特的捕获效率

从图 3-7 中可知，商品化 Fe_3O_4 对单增李斯特菌各个浓度梯度的捕获效率不超过 30.3%，捕获性能可归因于其表面羧基较少，导致与其共价结合的适配体—NH_2 含量低。自制 Fe_3O_4 因其较为充足的表面羧基，使其对单增李斯特菌各个浓度梯度的捕获效率（18.9%~54.4%）比商品化 Fe_3O_4 高。而

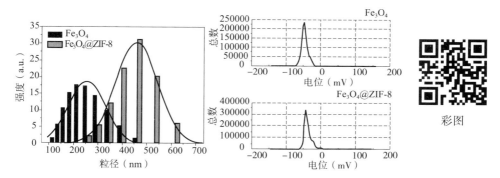

图 3-6　Fe_3O_4 和 $Fe_3O_4@$ ZIF-8 的粒径分布和 Zeta 电势图

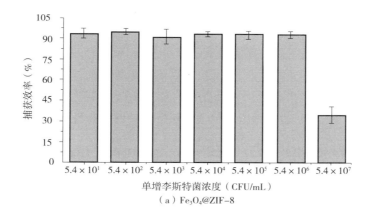

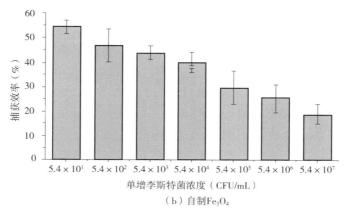

图 3-7

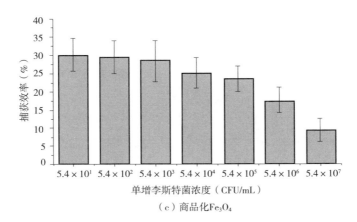

（c）商品化Fe₃O₄

图 3-7　Fe₃O₄@ZIF-8、自制 Fe₃O₄ 和商品化 Fe₃O₄ 对不同浓度单增李斯特菌的捕获效率

Fe₃O₄@ZIF-8对单增李斯特菌在 $5.4 \times 10^1 \sim 5.4 \times 10^6$ CFU/mL 浓度范围均表现出 90%以上的高捕获效率，这是由于 ZIF-8 外壳的多孔特性导致捕获探针表面特异性适配体的饱和吸附，导致该材料能更高效地结合单增李斯特菌。所以本研究选取 Fe₃O₄@ZIF-8 作为单增李斯特菌捕获的磁性材料。

3.1.3　捕获探针 Fe₃O₄@ZIF-8-aptamer（MZ-A）的制备及优化

　　筛选优化了形成 MZ-A 前 Fe₃O₄@ZIF-8 表面吸附适配体的量并对吸附适配体前后进行了粒径和电位的对比。此外，以最优适配体量合成的 MZ-A 优化了在捕获单增李斯特菌时的终浓度以及捕获时间。

　　如图 3-8 所示，当适配体的添加量为 2 μL 和 4 μL 时，相应的结果非常接近，分别为 19.9 μg/mL 和 22.6 μg/mL，表明 2 μL 和 4 μL 适配体几乎全部吸附在 Fe₃O₄@ZIF-8 表面。6 μL 和 8 μL 的添加量分别为 37.5 μg/mL 和 70.8 μg/mL，明显高于 4 μL，表明 6 μL 的适配体可以在 Fe₃O₄@ZIF-8 表面形成饱和吸附，剩余的适配体分散在溶液中。添加 2 μL 适配体的上清液浓度高于未添加适配体的上清液浓度，原因如下：在磁分离过程中，吸附在 Fe₃O₄@ZIF-8 表面的少量适配体可能由于强磁力而脱落，从而留在上清液中。为了提高该系统对目标菌的捕获率并且节省材料，本研究选择了在 0.5 mg 的 Fe₃O₄@ZIF-8 溶液中加入 6 μL 适配体作为最佳方案。Fe₃O₄@ZIF-8 吸附适配体前电位为 （-38.73±1.41） mV，由于适配体为单链 DNA 引物在体系中的 Zeta

电位为负值，所以 $Fe_3O_4@ZIF-8$ 吸附适配体后电位变为（$-43.37\pm$ 1.18）mV。同时对比了 $Fe_3O_4@ZIF-8$ 和 MZ-A 的粒径分布，结果表明 MZ-A 的粒径（460.6 ± 1.2）nm 大于 $Fe_3O_4@ZIF-8$（451.0 ± 2.1）nm，这是因为适配体被吸附到捕获探针表面从而导致 MZ-A 的粒径略微大于 $Fe_3O_4@ZIF-8$。此外，通过比较图 3-9 中 $Fe_3O_4@ZIF-8$ 和 MZ-A 的紫外-可见光谱，MZ-A 的紫外-可见光谱在 253 nm 处有一个弱峰，该峰归因于适配体。从以上分析可以得出结论，适配体已成功吸附到 $Fe_3O_4@ZIF-8$ 表面。

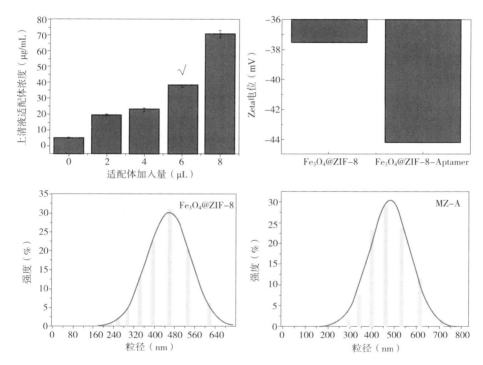

图 3-8　捕获探针中适配体量的优化以及 $Fe_3O_4@ZIF-8$ 吸附适配体前后粒径电位的对比

　　进一步优化了 MZ-A 的捕获时间和捕获用量，以达到最佳捕获效果。为优化 MZ-A 捕获目标菌时的用量，将约 1.5×10^6 CFU/mL 的单增李斯特菌添加到不同最终浓度的 MZ-A 中，培养 40 min。磁分离后，通过平板计数法计算上清液中的单增李斯特菌浓度，以获得捕获效率从而得出 MZ-A 的最优量。同时优化了捕获时间，将约 2×10^6 CFU/mL 的单增李斯特菌添加到 0.2 mg/mL 的 MZ-A 中，培养不同时间。磁分离后，用平板计数法计算不同时间上清液

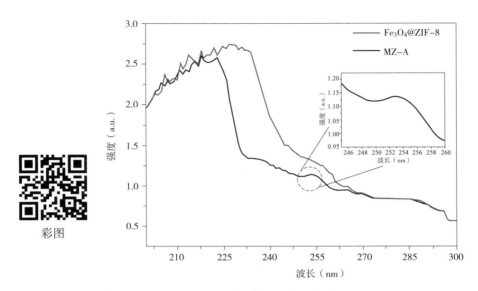

彩图

图 3-9　Fe₃O₄@ZIF-8 和 MZ-A 的紫外吸收光谱图

中单增李斯特菌的浓度，以获得捕获效率从而得到最优捕获时间。结果如图 3-10 所示，随着捕获时间的增加捕获效率也随之增强，当捕获时间为 40 min 时，捕获效率几乎达到饱和（96.24±0.61）%，因此选择 40 min 作为最佳捕获时间。随着 MZ-A 的浓度增加捕获效率也逐渐增强，当 MZ-A 的最终浓度为 0.2 mg/mL 时，捕获效率最高达 100%［图 3-10（b）］。从图 3-10（c）中的平板可以更清楚地看到每个最终浓度的 MZ-A 捕获单增李斯特菌的能力。

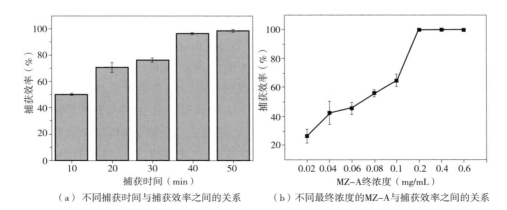

（a）不同捕获时间与捕获效率之间的关系　　（b）不同最终浓度的MZ-A与捕获效率之间的关系

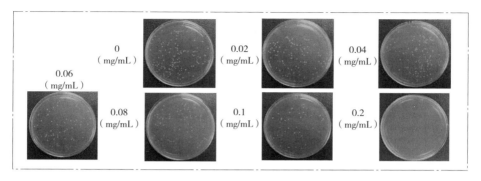

（c）不同最终浓度的MZ-A捕获单增李斯特菌后上清液的平板结果

图 3-10　影响捕获效率的因素研究

3.1.4　单增李斯特菌高灵敏荧光检测体系的构建

　　为了放大检测信号，将链霉亲和素标记的 FITC（SA-FITC）和生物素标记的单增李斯特菌特异性抗体（antibody-biotin）通过链霉亲和素和生物素之间极强的特异性结合，共轭为 SA-FITC-antibody-biotin（SF-AB），并用作目标识别和荧光探针。如图 3-11 所示，当检测系统中存在目标细菌时，可通过添加 MZ-A 来分离和收集目标细菌，MZ-A 上存在适配体使得捕获具有选择性。荧光探针加入系统后，荧光探针中的抗体会特异性结合到目标菌上的抗

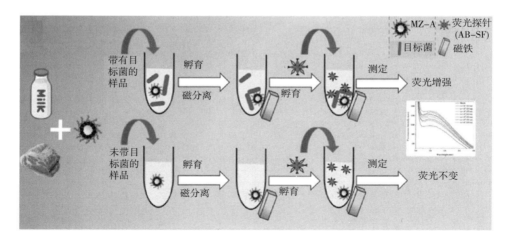

图 3-11　单增李斯特菌检测方法的原理示意图

原，从而将分子相互作用界面的环境改变为疏水环境，导致疏水环境下 FITC 的荧光强度增加，从而增加溶液中的荧光强度，导致检测到的荧光信号增加。当样品中没有目标菌时，添加的荧光探针将以自由状态分散，因为荧光探针不会与目标菌结合，FITC 周围无法形成疏水环境，导致溶液的荧光强度恒定。整个检测过程简单，耗时 70 min，同时核酸适配体和抗体的双重识别确保了检测的特异性。

3.1.5　单增李斯特菌的检测灵敏度

在最佳反应条件下，对 $1.4 \times 10^1 \sim 1.4 \times 10^7$ CFU/mL 范围内的单增李斯特菌进行检测，以评估所提出方法的性能。如图 3-12 所示，随着细菌浓度的增加，520 nm 处上清液的荧光强度逐渐增加。此外，在 $1.4 \times 10^1 \sim 1.4 \times 10^7$ CFU/mL 范围内，荧光强度与单增李斯特菌浓度之间存在良好的线性关系。线性方程为 $Y = 1056.941 + 37.353X$，相关系数（R^2）为 0.978，其中 Y 代表 520 nm 处的荧光强度，X 代表单增李斯特菌浓度（CFU/mL）。根据公式 3Sb/S（Sb：三重空白荧光值的标准偏差，S：标准曲线的斜率），计算出单增李斯特菌的检测限为 0.88 CFU/mL，批内试验的变异系数（CV）小于 2%（表 3-1）。这些结果证实了该检测系统动态范围宽，重复性好，检测灵敏度高。

彩图 3-12

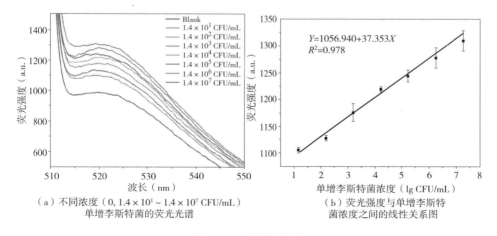

（a）不同浓度（0，$1.4 \times 10^1 \sim 1.4 \times 10^7$ CFU/mL）
单增李斯特菌的荧光光谱

（b）荧光强度与单增李斯特
菌浓度之间的线性关系图

图 3-12　检测灵敏度

表 3-1   不同浓度的单增李斯特菌检测结果的标准偏差（*SD*）和变异系数（*CV*）

浓度 （lg CFU/mL）	检测结果（*n*≥3）			平均值	标准偏差	变异系数 （%）
空白对照	986.4 1006	987.4 1012	991.6 —	996.7	9.0	0.90
1.15	1099	1105	1113	1105.7	5.7	0.52
2.15	1129	1133	1121	1127.7	5.0	0.44
3.15	1176	1155	1196	1175.7	16.7	1.42
4.15	1214	1226	1218	1219.3	5.0	0.41
5.15	1236	1255	1233	1244.0	9.7	0.88
6.15	1275	1302	1256	1277.7	23.0	1.48
7.15	1301	1294	1336	1310.3	18.4	1.40

3.1.6   单增李斯特菌的检测特异性

为了评估所提出的检测单增李斯特菌的方法的特异性，对其他 5 种食源性致病菌（大肠杆菌 O157：H7、鼠伤寒沙门氏菌、金黄色葡萄球菌、副溶血性弧菌和铜绿假单胞菌）进行了检测。结果如图 3-13 所示，与空白对照组相比，5 种致病菌的荧光强度没有表现出数值增加，而单增李斯特菌远高于空白对照组的值。结果表明该方法对单增李斯特菌具有良好的选择性，这归因于单增李斯特菌的适配体和抗体的双识别策略。

3.1.7   猪肉样品中单增李斯特菌的检测

为了研究该检测方法的应用潜力，在猪肉和牛奶中接种单增李斯特菌进行样品检测。同时，计算了几种选定浓度梯度下的回收率及其变异系数。如表 3-2 所示，本研究的回收率在 88.0%~103.8%，变异系数小于 12.8%，平板计数的回收率在 93.0%~105.9%，变异系数小于 7.2%。以上结果表明，本研究的检测方法在食品中具有良好的应用前景。同时如表 3-3 所示，与最近报道的用于检测单增李斯特菌的其他生物传感器相比，本方法的检测体系在灵敏度和检测时间方面表现出更好的性能。

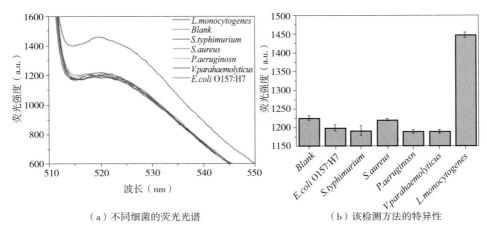

（a）不同细菌的荧光光谱　　　　　（b）该检测方法的特异性

图 3-13　检测特异性

表 3-2　猪肉和牛奶加标样品的回收率和变异系数 （*CV*）

样品	加标量（CFU/mL）	检测量±*SD*（CFU/mL）		回收率（%）		变异系数（%）	
		本研究	平板计数法	本研究	平板计数法	本研究	平板计数法
猪肉	660	667±68	627±5	101.0	95.0	10.2	3.8
	6600	5901±734	6233±287	89.4	94.4	12.4	4.6
	66000	63667±4961	68667±2625	96.5	104.0	7.8	0.8
牛奶	260	269±20	247±17	103.6	95.0	7.6	6.9
	2600	2287±232	2423±175	88.0	93.2	10.2	7.2
	26000	26998±3460	27533±450	103.8	105.9	12.8	1.6

表 3-3　本研究方法与其他文献中的方法对比

检测方法	检测目标	检出限	检测时间	参考文献
IMS-FICA	*L. monocytogenes*	$1×10^4$ CFU/mL	3 h	Li et al.，2017
IMS-mPCR	*L. monocytogenes*	1 CFU/mL	<7 h	Mao et al.，2016
Combined aptamers-based AMC-LAMP	*L. monocytogenes*	5 CFU/mL	3 h	Feng et al.，2018
Fluorescence	*L. monocytogenes*	10 CFU/mL	1.5 h	Guo et al.，2020

续表

检测方法	检测目标	检出限	检测时间	参考文献
Fluorescence with aPCR-RCA	*L. monocytogenes*	4.8 CFU/mL	21.5 h	Zhan et al., 2019
Nuclear magnetic resonance	*L. monocytogenes*	3 MPN	40 min	Zhao et al., 2017
Fluorescence enhancement	*L. monocytogenes*	0.88 CFU/mL	70 min	本研究

3.1.8　小结

（1）利用溶剂热法合成了 Fe_3O_4，通过逐层封装方法在其表面原位生成 ZIF-8 以制备 Fe_3O_4@ ZIF-8 复合材料，Fe_3O_4@ ZIF-8 的平均粒径（451.0±2.1）nm，因 Fe_3O_4 表面具有 ZIF-8 多层外壳明显比 Fe_3O_4 的平均粒径（211.9±4.9）nm 大，其 zeta 电位由于 ZIF-8 在 Fe_3O_4 表面原位生成也从（−50.4±1.4）mV（Fe_3O_4）变到（−38.7±1.4）mV。TEM 直观展现出 Fe_3O_4@ZIF-8 的内核外壳结构；XRD 表明 Fe_3O_4@ZIF-8 结合了 Fe_3O_4 和 ZIF-8 的衍射特征峰；VSM 表明 Fe_3O_4@ZIF-8 的磁化强度比 Fe_3O_4 弱；FT-IR 分析了 3 种材料的官能团及其来源，且 Fe_3O_4@ZIF-8 的特征峰与 Fe_3O_4 和 ZIF-8 的特征峰均相互对应；XPS 解释了 Fe_3O_4@ZIF-8 的元素组成、原子价态和分子结构。

（2）构建了基于荧光增强效应的单增李斯特菌高灵敏荧光检测方法。在 $1.4×10^1 ～ 1.4×10^7$ CFU/mL 范围内，荧光强度与单增李斯特菌浓度之间存在良好的线性关系，线性方程为 $Y = 1056.941 + 37.353X$，相关系数（R^2）为 0.978，单增李斯特菌的检测限为 0.88 CFU/mL，批内试验的变异系数（CV）小于 2%，证实了该检测系统动态范围宽，重复性好，检测灵敏度高。该方法对单增李斯特菌具有良好的选择性，同时猪肉加标样品的检测结果回收率在 88.0%～103.8%，变异系数小于 13%。结果表明该方法在灵敏度、吞吐量和检测时间方面表现出更好的性能。

3.2　磁分离结合纳米金比色传感检测单增李斯特菌研究

近几年，可视化检测和基于磁性材料的前处理因为其方便快捷、直观且具有较好灵敏度成为了研究的热点。纳米金颗粒（gold nanoparticles，AuNPs）作为合成可视化检测常用的一种信号探针的基础纳米材料，具有良好的静电稳定性以及有着易与蛋白质、核酸等结合的特性，且广泛应用于致病菌、毒素、抗生素等物质的检测中。同时，磁性材料在目前检测前处理过程中成为了优先选择，如功能化的 Fe_3O_4 磁微球和具有核壳结构的磁性复合材料使得整个检测前处理过程较传统方法更高效、简单和快捷。

本研究利用具有核壳结构的磁性金属有机框架材料 Fe_3O_4@ZIF-8，通过材料表面多孔径的吸附作用结合了单增李斯特菌特异性适配体，形成可以特异性捕获目标菌的捕获探针 Fe_3O_4@ZIF-8-Aptamer（MZ-A）。同时将抗单增李斯特菌抗体包被在 AuNPs 表面形成免疫 AuNPs（Au-Abs）再通过牛血清白蛋白（Bovine serum albumin，BSA）封闭剩余位点形成 Au-Abs@BSA 作为信号探针，再以比色传感检测法作为检测程序从可视化定性和紫外光谱定量来分析了本研究的检测灵敏度和检测特异性，并进一步评估了此法在实际样品中的应用。本研究采用的方法检测灵敏度高、特异性较强，为检测单增李斯特菌提供了一种新的思路。

3.2.1　材料制备及检测原理

如图 3-14（a）所示，采用溶剂热法合成了超顺磁性的 Fe_3O_4，通过在 Fe_3O_4 表面原位合成 ZIF-8 来制备 Fe_3O_4@ZIF-8，利用 ZIF-8 的多孔优势使得适配体只需在室温下简单振荡就能被吸附在其表面。从图 3-14（b）可知，采用了经典的柠檬酸钠还原法制备的 AuNPs，再利用 AuNPs 易与蛋白质偶联的特性将抗体包被在其表面，最后通过 BSA 封闭了 AuNPs 表面剩余结合位点保证了检测的特异性。本研究整个检测过程如图 3-14（c）所示，当样品中存在目标菌时，捕获探针因其表面适配体会对目标菌进行特异性捕获，加入信号探针后，信号探针由于表面抗体会和目标菌表面抗原进行特异性结合从而和磁捕获的复合物形成"适配体-细菌-抗体"的三明治结构，经过磁分离后上清液中信号探针会随着目标菌浓度增多而减小，由此作为检测依据。而当样品中没有目标菌时，捕获探针表面适配体和信号探针表面抗体无法捕获以及识别到对应的菌，因此磁分离后的上清液中的信号探针不会发生变化。

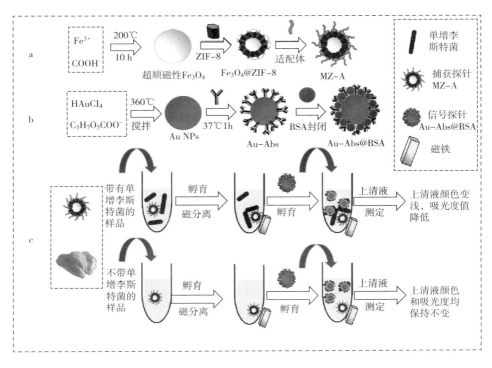

图 3-14　捕获探针和信号探针的合成及单增李斯特菌的检测原理

3.2.2　抗体包被 AuNPs 的条件优化

3.2.2.1　缓冲液体系的优化

由图 3-15（a）可知，当加入 16 μL NaCl（1 mol/L）溶液时，胶体金溶液的颜色由酒红色变成了紫色，说明 AuNPs 由于盐浓度的增加发生了聚集导致粒径增大，而当加入 18 μL 和 20 μL NaCl（1 mol/L）溶液时胶体金溶液的颜色直接变为了灰色，说明 AuNPs 进一步地大量聚集从而导致溶液的颜色发生变化，所以本研究选取了加入 20 μL NaCl（1 mol/L）溶液的量后颜色变化作为缓冲液体系优化的参考。

选取了 5 种缓冲液体系作为偶联抗体优化的对象。从图 3-15（b）中可看出，当重悬液为 PBS 时，AuNPs 发生了聚集导致胶体金溶液变成灰色，说明本研究制备的 AuNPs 不适合重悬于 PBS 中。如图 3-15（c）～（d）所示，另外 4 种缓冲液体系加入抗体孵育后，只有以超纯水和 BB 为缓冲液体系保持正常颜色，而当加入了 20 μL NaCl（1 mol/L）溶液后，只有 BB 缓冲液体系依旧为酒红色，因此本研究选取 BB（0.01 mol/L，pH 8.0）作为抗体包被 AuNPs 缓冲液体系。

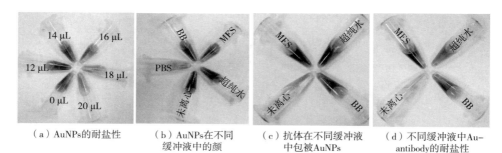

（a）AuNPs的耐盐性　　（b）AuNPs在不同缓冲液中的颜　　（c）抗体在不同缓冲液中包被AuNPs　　（d）不同缓冲液中Au-antibody的耐盐性

图 3-15　抗体包被 AuNPs 缓冲液体系优化

3.2.2.2　抗体加入量的优化

如图 3-16（a）所示，未加入抗体前 AuNPs 在 529 nm 处出峰，而加入不同量的抗体孵育离心重悬后出峰位置红移到了 532 nm，说明抗体已经包被于 AuNPs 表面。从图 3-16（b）又可看出，在 532 nm 处的吸光度值随着抗体量的增加而减小，而当抗体加入量为 3~5 μL 时吸光度值几乎不发生变化，说明了 AuNPs 表面偶联的抗体已经达到饱和。为达到检测效果明显和节约成本的目的，本研究选取以 500 μL AuNPs 中加入 3 μL 抗体为最优抗体加入量。

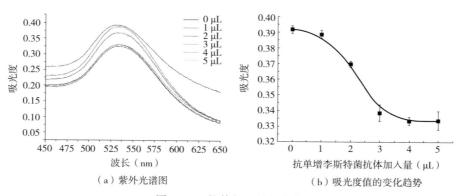

（a）紫外光谱图　　　　　　（b）吸光度值的变化趋势

图 3-16　抗体加入量的优化

3.2.3　BSA 封闭液体系的优化

由图 3-17（a）可看出，随着 BSA 封闭液终浓度的增加，体系的 ζ 电势也逐渐增加，当 BSA 封闭液终浓度增加到 2%（W/V）时，ζ 电势几乎不会随着 BSA 终浓度增大而改变，说明 2%（W/V）的 BSA 已经可以完全封闭 Au-antibody 表面的剩余结合位点。为达到有较强检测特异性和节约成本的目的，本研究以终浓度为 2%（W/V）的 BSA 为最优封闭液体系。

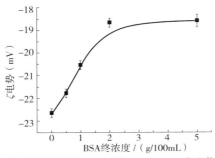

（a）不同终浓度的 BSA 封闭 Au-antibody 对 ζ 电势的影响

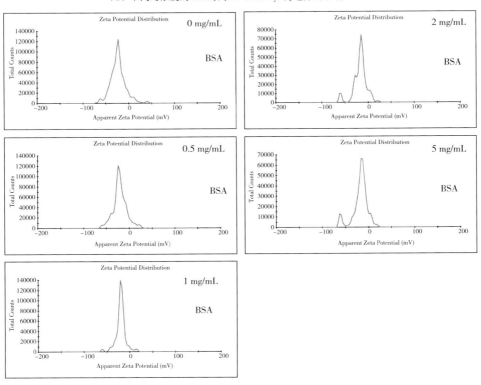

（b）ζ 电势图

图 3-17　BSA 封闭液用量的优化

3.2.4　功能化前后 AuNPs 的表征

从图 3-18（a）~图 3-18（b）可看出，AuNPs 在扫描电镜下呈小球状且分散均匀，说明本研究合成制备的 AuNPs 静电稳定性好、分散性强。如图 3-18（c）~图 3-18（d）所示，在透射电镜下 AuNPs 呈椭圆形，颗粒直径在 40 nm 左右，对比图 3-18（c）的 Au-antibody 透射电镜图可知，Au-antibody 椭圆形外层明显有一圈薄膜，说明抗体已经成功包被在 AuNPs 表面。

由图 3-18（e）的红外光谱图分析可知，AuNPs 和 Au-antibody 在 3210 cm^{-1} 和 3232 cm^{-1} 附近的宽峰是由于羧基官能团的 O—H 伸缩振动引起的；在 2918 cm^{-1}、2848 cm^{-1}、2916 cm^{-1}、2849 cm^{-1} 附近的双峰可归结为—CH$_2$—基团的 C—H 伸缩振动；1656 cm^{-1} 和 1647 cm^{-1} 附近的谱带是—C≡C—基团的双键伸缩振动导致的；1400 cm^{-1} 和 1398 cm^{-1} 处的峰是甲基的 C—H 面内弯曲振动引起的；在 1074 cm^{-1} 和 1062 cm^{-1} 附近的谱带可归因为环己烷环振动。上述峰均出现在 AuNPs 和 Au-antibody 红外光谱图中，且 Au-antibody 的峰强度明显比 AuNPs 弱得多，这也说明了抗体成功包被在 AuNPs 表面。

利用马尔文粒度仪测定 AuNPs 功能化前后的粒径电位结果如图 3-18（f）所示，AuNPs、Au-antibody 和 Au-Abs@BSA 的 ζ 电势分别为（-36.1±0.3）mV、（-22.3±0.5）mV 和（-18.6±0.9）mV，从 ζ 电势变化明显可以看出抗体已经包被在 AuNPs 表面且 BSA 也对剩余位点完成了封闭。而从粒径分布图也可知，随着抗体的偶联和 BSA 的封闭 AuNPs 的粒径在不断增大证明了信号探针的成功合成。

3.2.5　单增李斯特菌检测灵敏度

本研究的可视化检测单增李斯特菌如图 3-19（a）所示，利用了比色法可以更直观的观察检测信号的变化。在 0，1.2×10^1~1.2×10^2 CFU/mL 范围内信号探针的颜色几乎不变，而从 1.2×10^3 CFU/mL 颜色开始发生变化，一直到 1.2×10^8 CFU/mL 颜色逐渐变浅，可以得出本研究检测单增李斯特菌的肉眼检出限为 1.2×10^3 CFU/mL。肉眼检出限的结果也在图 3-19（b）中得到进一步证明，利用 Image J 软件分析由比色法得到的颜色结果转变为灰度值，让检测结果从定性转变为半定量。可以看出 0，1.2×10^1~1.2×10^2 CFU/mL 范围内的灰度值并无明显差异，而在 1.2×10^2~1.2×10^8 CFU/mL 范围内的灰度值拟合的直线（$Y=137.059+9.854X$，$R^2=0.986$）有着良好的线性关系，更充分地

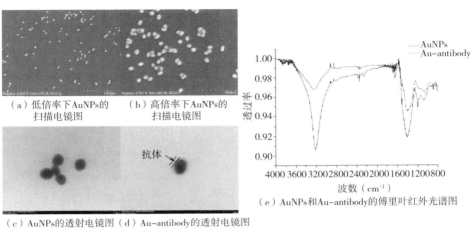

（a）低倍率下AuNPs的扫描电镜图　　（b）高倍率下AuNPs的扫描电镜图

（c）AuNPs的透射电镜图　（d）Au-antibody的透射电镜图

（e）AuNPs和Au-antibody的傅里叶红外光谱图

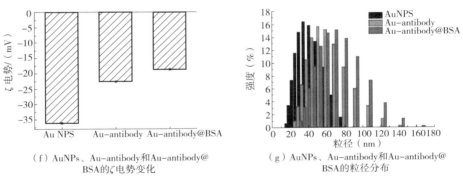

（f）AuNPs、Au-antibody和Au-antibody@BSA的ζ电势变化

（g）AuNPs、Au-antibody和Au-antibody@BSA的粒径分布

图 3-18　AuNPs、Au-antibody 和 Au-antibody@ BSA 的表征图

说明了其肉眼的检出限为 $1.2×10^3$ CFU/mL。

利用紫外光谱定量的分析了检测灵敏度，从图 3-19（c）~图 3-19（d）中可看出随着单增李斯特菌浓度的增大，信号探针的紫外光谱强度逐渐减弱，通过拟合了各个梯度信号探针在 532 nm 处的吸光度值，发现在 $1.2×10^1$ ~ $1.2×10^8$ CFU/mL 范围内有良好的线性关系，线性方程为 $Y = 0.519 - 0.043X$，$R^2 = 0.978$。利用检出限计算公式 $K = 3Sb/S$（K：检出限；Sb：空白样品的标准偏差；S：标曲的斜率）可得通过紫外光谱分析检测单增李斯特菌的检出限为 0.45 CFU/mL，且各浓度梯度的批内变异系数（CV）在 0.31% ~ 1.30%，说明本研究的检测灵敏度高且重复性好。

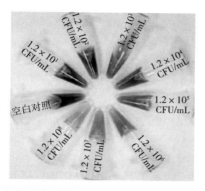

（a）不同浓度（0, 1.2×10¹~1.2×10⁸ CFU/mL）

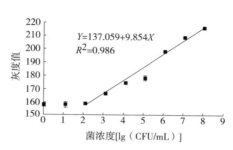

$Y=137.059+9.854X$
$R^2=0.986$

（b）可视化检测结果定量化分析

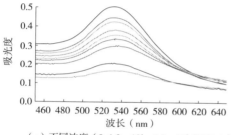

（c）不同浓度（0, 1.2×10¹~1.2×10⁸ CFU/mL）
单增李斯特菌的紫外光谱检测结果

— 空白对照
— 1.2×10¹ CFU/mL
— 1.2×10² CFU/mL
— 1.2×10³ CFU/mL
— 1.2×10⁴ CFU/mL
— 1.2×10⁵ CFU/mL
— 1.2×10⁶ CFU/mL
— 1.2×10⁷ CFU/mL
— 1.2×10⁸ CFU/mL

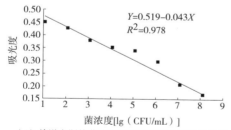

$Y=0.519-0.043X$
$R^2=0.978$

（d）单增李斯特菌浓度和吸光度值之间的线性关系图

彩图

图3-19　单增李斯特菌检测结果

3.2.6　检测特异性的评估

同时检测单增李斯特菌和另外5种常见致病菌（10^7 CFU/mL），对比其检测结果来评估检测特异性。如图3-20（a）~图3-20（b）所示，除了单增李斯特菌检测结果与空白有明显差异外，其余5种致病菌几乎和空白的颜色和灰度值相同，说明比色法检测单增李斯特菌特异性较强。而从图 3-20（c）~ 图 3-20（d）中可知，检测金黄色葡萄球菌会有微弱的假阳性反应，原因可能在于抗单增李斯特菌抗体质量不佳导致与金黄色葡萄球菌之间发生了交叉反应，可以通过提高抗体质量进而提高检测特异性。

（a）不同致病菌的可视化检测结果

（b）可视化检测结果的定量化

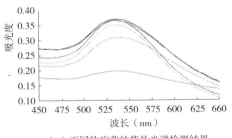

（c）不同致病菌的紫外光谱检测结果

—— 空白对照
—— 鼠伤寒沙门氏菌
—— 铜绿假单胞菌
—— 副溶血性弧菌
—— 大肠埃希氏菌 O157:H7
—— 金黄色葡萄球菌
…… 单增李斯特菌

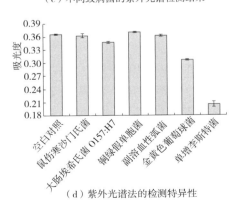

（d）紫外光谱法的检测特异性

彩图

图 3-20　不同致病菌检测结果

3.2.7 实际样品的检测

利用对经过处理过的鸡胸肉样品进行检测来评估本研究对实际样品检测灵敏度。从图 3-21 （a） 中可看出，样品中单增李斯特菌浓度在 0，6.7× 10^1 ~ 6.7× 10^3 CFU/mL 范围内信号探针的颜色几乎不变，而从 6.7× 10^4 CFU/mL 颜色开始发生变化一直到 6.7× 10^8 CFU/mL 颜色逐渐变浅，可以得出本研究检测单增李斯特菌的肉眼检出限为 6.7× 10^4 CFU/mL。肉眼检出限的结果也在图 3-21 （b） 中得到证明，可看出 0，6.7× 10^1 ~ 6.7× 10^3 CFU/mL 范围内的灰度值并无明显差异，而在 6.7× 10^3 ~ 6.7× 10^8 CFU/mL 范围内的灰度值拟合的直线 （$Y = 135.66 + 8.317X$，$R^2 = 0.952$） 有着不错的线性关系，更进一步说明了肉眼的检出限为 6.7× 10^4 CFU/mL。

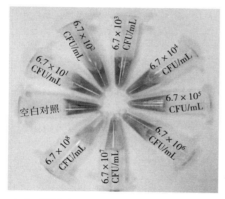

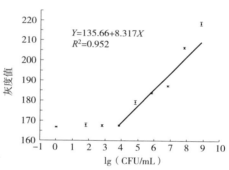

（a）不同浓度（0，6.7× 10^1 ~ 6.7× 10^8 CFU/mL）
单增李斯特菌加标样品的可视化检测结果

（b）可视化检测结果的定量化

图 3-21 实际样品检测结果

利用紫外光谱定量地分析了该方法在加标样品中的应用，如表 3-4 所示，鸡胸肉中单增李斯特菌的加标回收率在 91.1% ~ 108.7%，变异系数小于 7.4%。此外，采用平板计数法对实验结果进行了验证，其回收率在 94.7% ~ 105.4%，变异系数小于 3.0%，说明本研究建立的检测方法具有良好的准确性。同时如表 3-5 所示，对比了本研究方法与以往关于比色法检测食源性致病菌方法，可看出本研究的试验方法相对方便、快捷且检出限较低。综上可知，本研究建立的检测单增李斯特菌的方法灵敏度高特异性良好，在检测食源性致病菌方面具有巨大的应用前景。

表 3-4　加标样品回收检测结果（$n=3$）

样品	加标浓度 （CFU/mL）	检出量±SD（CFU/mL）		回收率		变异系数	
		本研究	平板计数法	本研究	平板计数法	本研究	平板计数法
鸡胸肉	67	66±5	71±1	97.9%	105.4%	7.4%	1.9%
	670	610±41	635±19	91.1%	94.7%	6.7%	3.0%
	6700	7284±288	6862±75	108.7%	102.4%	4.0%	1.1%

表 3-5　本研究方法与其他比色法检测食源性致病菌方法的对比

检测方法	检测目标	检出限	检测时间
基于 apt-Fe$_3$O$_4$/MnO$_2$ 和 AuNPs 的比色分析	*S. aureus*，*L. monocytogenes*，*E. coli* O157：H7 and *V. parahaemolyticus*	1.0×10 CFU/mL by bare eyeobservation and 1.2~1.4 CFU/mL by UV-visible spectrometry	40 min
比色免疫分析法	*S. typhimurium*，*S. enteritidis*，*S. aureus* and *C. jejuni*	10 CFU/mL	—
比色检测	*E. coli* O157：H7	10 CFU/mL	30 min
纸芯片比色检测	*E. coli* O157：H7	30.8 CFU/mL	70min
基于类过氧化物酶活性的比色检测	*S. aureus*	20 CFU/mL	80min
基于磁分离的纳米金比色检测（本研究）	*L. monocytogenes*	1.2×10^3 CFU/mL by bare eye observation and 0.45 CFU/mL by UV-visible spectrometry	70 min

3.2.8　小结

（1）本研究建立以一种基于功能化 AuNPs 结合比色法和紫外光谱法高灵敏检测单增李斯特菌的方法。通过柠檬酸钠还原法制备 AuNPs，在其表面偶联上抗体且利用 BSA 进行封闭后作为信号探针，该信号探针的结果不仅能用肉眼直接观察还能通过紫外光谱定量分析。

（2）比色法检测单增李斯特菌的肉眼检出限达到 $1.2×10^3$ CFU/mL，紫外光谱法检测结果在 $1.2×10^1$ ~ $1.2×10^8$ CFU/mL 范围内有良好的线性关系，检出限为 0.45 CFU/mL，各浓度梯度的批内变异系数（CV）在 0.31%~1.30%。

同时评估了本研究的检测特异性，结果显示比色法检测单增李斯特菌特异性较强，紫外光谱法由于抗体质量原因对金黄色葡萄球菌会有微弱的假阳性反应。

（3）本研究还以鸡胸肉作为实际样品对其进行了检测评估，结果表明比色法检测鸡胸肉中单增李斯特菌的肉眼检出限达到 $6.7×10^4$ CFU/mL，鸡胸肉中单增李斯特菌的加标回收率在 91.1%～108.7%，变异系数小于 7.4%。此外，采用平板计数法对实验结果进行了验证，其回收率在 94.7%～105.4%，变异系数小于 3.0%。综上，本研究建立的检测单增李斯特菌的方法灵敏度高特异性良好，在检测食源性致病菌方面具有巨大的应用前景。

3.3 多重 PCR 结合纳米金比色传感同步检测 3 种食源性致病菌研究

PCR 是一种灵敏、快速的检测方法，弥补了传统检测方法的培养周期长的缺点。此外，多重 PCR 允许在一个扩增体系中同时检测多个目标基因，使检测更有效和快速。但是基于 PCR 的检测需要昂贵的设备和复杂的凝胶电泳程序来显示 PCR 反应结果，限制了其应用领域。荧光定量 PCR 不需要核酸凝胶电泳检测程序，通过监测荧光信号实时检测 DNA 扩增，达到定量、准确、快速检测食源性致病菌的目的。然而，荧光定量 PCR 检测需要荧光探针，系统构建复杂，实验成本高，有必要采用其他方法进行检测。

比色法是一种快速、简便、便携、直观的检测方法，不需要任何复杂的仪器。纳朱金（gold nanoparticles，AuNPs）由于其具有易于表面修饰、独特的光学性能及带有较强的负电荷已被广泛用作比色检测的生物传感材料。AuNPs 之间的静电斥力可以通过添加盐来消除，从而导致纳米颗粒的聚集和吸收光谱的红移，使 AuNPs 溶液产生肉眼可分辨的颜色变化。用核酸探针功能化的 AuNPs 通常用于检测细菌的 DNA，目标 DNA 与核酸探针杂交使 AuNPs 在高盐条件下保持稳定。相反，目标 DNA 的缺失造成非杂交反应，导致 AuNPs 在相似盐度下聚集。在此基础上，将多重 PCR 法与 AuNPs 比色法相结合用于食源性病原菌检测是可行的。

本研究建立了一种新型的 AuNPs 辅助多重 PCR 方法同时检测鼠伤寒沙门氏菌、单增李斯特菌和大肠杆菌 O157：H7。通过筛选各引物对浓度和 PCR 反应的退火温度，以提高 PCR 体系的灵敏度。本实验采用未功能化的花状纳米金（flower-shaped AuNPs，F-AuNPs）作为比色传感器直接检测 PCR 产物取代凝胶电泳法检测，从而实现对食源性致病菌快速、简便、现场、直观的检测。

3.3.1 PCR 反应体系的优化

用 DNA 抽提试剂盒对大肠杆菌 O157：H7、鼠伤寒沙门氏菌、单增李斯特菌 3 种菌株进行 DNA 的抽提，用设计的单重 PCR 反应体系对目标基因进行 PCR 扩增，并取 10 μL 的多重 PCR 扩增产物进行琼脂糖凝胶电泳分析，根据条带的亮度和清晰度进行体系反应条件的优化。

3.3.1.1 单重 PCR 反应体系引物种类及退火温度的优化

（1）单增李斯特菌引物种类及退火温度的优化

在相同的退火温度（61℃、60.3℃、58℃、56.2℃、53.1℃、50.6℃、48.8℃、48℃）条件下，以单增李斯特菌 inlA、hly、prfA 为目的基因进行单重 PCR 体系优化，扩增产物片段长度分别为 285 bp、374 bp 和 688 bp，琼脂糖凝胶电泳结果如图 3-22～图 3-24 所示。可知单增李斯特菌的 inlA、hly、prfA 基因的单重 PCR 扩增产物都产生了明亮、清晰的条带，且条带的长度和设计的 DNA 片段的长度一致，但引物 L-inlA 在该 PCR 反应体系中的扩增产物出现了明显的核酸二聚体杂带。在单增李斯特菌单重 PCR 退火温度体系中，单增李斯特菌 hly 基因的最佳温度为 61℃、60.3℃、58℃、56.2℃、53.1℃、50.6℃、48.8℃、48℃；单增李斯特菌 inlA 基因的最佳温度为 58℃、50.6℃、48.8℃、48℃；单增李斯特菌 prfA 基因的最佳温度为 61℃、60.3℃、58℃、56.2℃、53.1℃、50.6℃、48.8℃、48℃。

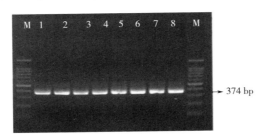

图 3-22 单增李斯特菌 hly 基因的单重 PCR 退火温度优化

［M：1 kb DNA marker；1～8 号条带退火温度依次为（单位：℃）：61、60.3、58、56.2、53.1、50.6、48.8、48］

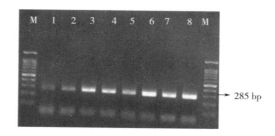

图3-23　单增李斯特菌 *inlA* 基因的单重 PCR 退火温度优化

［M：1 kb DNA marker；1~8 号条带退火温度依次为（单位：℃）：61、60.3、58、56.2、53.1、50.6、48.8、48］

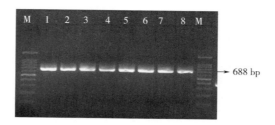

图3-24　单增李斯特菌 *prfA* 基因的单重 PCR 退火温度优化

［M：1 kb DNA marker；1~8 号条带退火温度依次为（单位：℃）：61、60.3、58、56.2、53.1、50.6、48.8、48］

（2）大肠杆菌 O157：H7 引物种类及退火温度的优化

在相同的退火温度（61℃、60.3℃、58℃、56.2℃、53.1℃、50.6℃、48.8℃、48℃）条件下，以大肠杆菌 O157：H7 的 *inlA*、*hly*、*prfA* 为目的基因进行单重PCR体系优化，扩增产物片段长度分别为 678 bp、519 bp 和 193 bp，琼脂糖凝胶电泳结果如图 3-25~图 3-27 所示。可知大肠杆菌 O157：H7 的 *inlA*、*hly*、*prfA* 基因的单重 PCR 扩增产物都产生了明亮、清晰的条带，条带的长度和设定的 DNA 片段的长度一致，且都没有出现核酸二聚体杂带。在大肠杆菌 O157：H7 单重 PCR 退火温度体系中，大肠杆菌 O157：H7 *fliC* 基因的最佳温度为 61℃、60.3℃、58℃、56.2℃、53.1℃、50.6℃、48℃；大肠杆菌 O157：H7 *rfbE* 基因的最佳温度为 61℃、60.3℃、58℃、56.2℃、50.6℃、48℃；大肠杆菌 O157：H7 *wzy* 基因的最佳温度为 53.1℃、50.6℃、48.8℃、48℃。

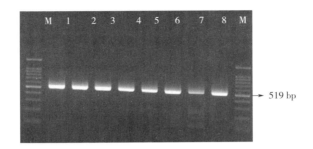

图 3-25　大肠杆菌 O157：H7 *fliC* 基因的单重 PCR 退火温度优化

［M：1 kb DNA marker；1~8 号条带退火温度依次为（单位:℃）：61、60.3、58、56.2、53.1、50.6、48.8、48］

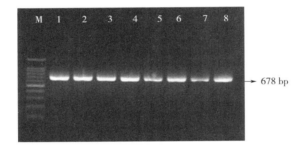

图 3-26　大肠杆菌 O157：H7 *rfbE* 基因的单重 PCR 退火温度优化

［M：1 kb DNA marker；1~8 号条带退火温度依次为（单位:℃）：61、60.3、58、56.2、53.1、50.6、48.8、48］

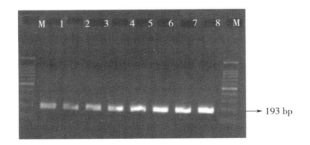

图 3-27　大肠杆菌 O157：H7 *wzy* 基因的单重 PCR 退火温度优化

［M：1 kb DNA marker；1~8 号条带退火温度依次为（单位:℃）：61、60.3、58、56.2、53.1、50.6、48.8、48］

（3）鼠伤寒沙门氏菌引物种类及退火温度的优化

在相同的退火温度（61℃、60.3℃、58℃、56.2℃、53.1℃、50.6℃、48.8℃、48℃）条件下，以鼠伤寒沙门氏菌的 *invA*、*hut* 为目的基因进行单重 PCR 体系优化，扩增产物片段长度分别为 316 bp 和 495 bp，琼脂糖凝胶电泳结果如图 3-28、图 3-29 所示。可知鼠伤寒沙门氏菌的 *invA*、*hut* 基因的单重 PCR 扩增产物都产生了清晰的条带，且条带的长度和设定的 DNA 片段的长度一致，但引物 L-inlA 在该 PCR 反应体系中的扩增产物出现的条带亮度相对较弱且存在严重的拖尾。在鼠伤寒沙门氏菌的单重 PCR 退火温度体系中，鼠伤寒沙门氏菌 *invA* 基因的最佳温度为 60.3℃、58℃、56.2℃、53.1℃、50.6℃、48.8℃、48℃。鼠伤寒沙门氏菌 *hut* 基因的最佳温度为 61℃、60.3℃、58℃、56.2℃、53.1℃、50.6℃、48.8℃、48℃。

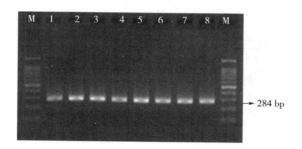

图 3-28　鼠伤寒沙门氏菌 *invA* 基因的单重 PCR 退火温度优化

［M：1 kb DNA marker；1~8 号条带退火温度依次为（单位：℃）：61、60.3、58、56.2、53.1、50.6、48.8、48］

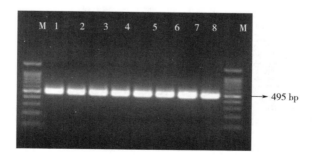

图 3-29　鼠伤寒沙门氏菌 *hut* 基因的单重 PCR 退火温度优化

［M：1 kb DNA marker；1~8 号条带退火温度依次为（单位：℃）：61、60.3、58、56.2、53.1、50.6、48.8、48］

单重 PCR 产物的测序结果与基因库全基因组比对，结果显示产物与单增李斯特菌 EGD-e 染色体（全基因组序列 ID：NC 003210.1）的同源性为 99.4%，与大肠杆菌 O157：H7 str. Sakai DNA（全基因组序列 ID：NC 002695.2）同源性为 98.5%，与鼠伤寒沙门氏菌 Typhimurium str. LT2（全基因组序列 ID：NC 0031972）的同源性为 98.0%。

3.3.1.2 多重 PCR 反应体系的优化

通过对上述单重 PCR 反应体系中大肠杆菌 O157：H7、鼠伤寒沙门氏菌、单增李斯特菌 3 种食源性致病菌引物种类和最佳退火温度的初步筛选，获得多重 PCR 的最适退火温度范围（56~48℃）和 3 对特异性引物（E-wzy、S-hut、L-hly），并根据多重 PCR 体系设计原则设计了多重 PCR 扩增体系。用 DNA 抽提试剂盒提取 DNA 并进行多重 PCR 扩增，取 10 μL 的多重 PCR 扩增产物进行琼脂糖凝胶电泳分析，对多重 PCR 体系进行优化。

（1）多重 PCR 反应体系中退火温度的优化

以大肠杆菌 O157：H7（wzy 为目的基因）、鼠伤寒沙门氏菌（hut 为目的基因）、单增李斯特菌（hly 为目的基因）的 DNA 模板进行多重 PCR 扩增，结果如图 3-30 所示。在多重 PCR 扩增体系中，引物 E-wzy、S-hut 和 L-hly 的终浓度分别为 0.4 μmol/L、0.4 μmol/L 和 0.4 μmol/L，退火温度在 56~48℃。根据琼脂糖凝胶电泳的结果可知当退火温度在 53.1℃、54.3℃时多重 PCR 扩增体系的扩增产物能够显示出 3 个条带且扩增产物的条带清晰明亮并且不会出现核酸二聚体杂带。

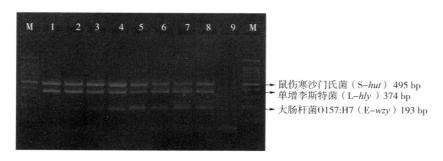

图 3-30 多重 PCR 反应体系中退火温度的优化

［M：1 kb DNA marker；1~8 退火温度分别为（单位：℃）：56、55.6、54.7、53.1、51.2、49.5、48.5、48.0］

（2）多重 PCR 反应体系中引物浓度的优化

以大肠杆菌 O157：H7（*wzy* 为目标基因）、单增李斯特菌（*hly* 为目标基因）、鼠伤寒沙门氏菌（*hut* 为目的基因）的 DNA 为模板进行多重 PCR 扩增，结果如图 3-31 所示。在多重 PCR 扩增体系中，退火温度设定为 53.1℃、大肠杆菌 O157：H7、鼠伤寒沙门氏菌、单增李斯特菌进行三因素三水平设计引物浓度正交试验 L₉（3³），即在混合引物中每对引物的终浓度分别为 0.2 μmol/L、0.4 μmol/L、0.8 μmol/L。根据琼脂糖凝胶电泳的结果可知当大肠杆菌 O157：H7、鼠伤寒沙门氏菌、单增李斯特菌引物的终浓度分别为 0.4 μmol/L、0.2 μmol/L、0.4 μmol/L 时，扩增产物能够出现 3 条清晰、明亮条带且不会出现杂带，即此组合引物终浓度的比例为最佳。

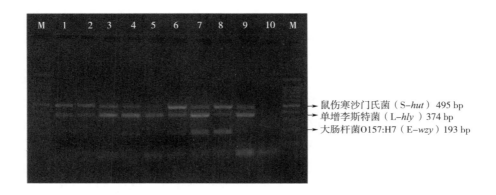

图 3-31　多重 PCR 反应体系中引物浓度的优化

[M：1 kb DNA marker；1~9（大肠杆菌 O157：H7、鼠伤寒沙门氏菌、单增李斯特菌）的引物终浓度：（0.2 μmol/L、0.2 μmol/L、0.2 μmol/L）、（0.2 μmol/L、0.4 μmol/L、0.4 μmol/L）、（0.2 μmol/L、0.8 μmol/L、0.8 μmol/L）、（0.4 μmol/L、0.2 μmol/L、0.4 μmol/L）、（0.4 μmol/L、0.4 μmol/L、0.8 μmol/L）、（0.4 μmol/L、0.8 μmol/L、0.2 μmol/L）、（0.8 μmol/L、0.2 μmol/L、0.8 μmol/L）、（0.8 μmol/L、0.4 μmol/L、0.2 μmol/L）、（0.8 μmol/L、0.8 μmol/L、0.8 μmol/L）；第 10 列为空白对照]

以大肠杆菌 O157：H7（*wzy* 为目标基因）、单增李斯特菌（*hly* 为目标基因）、鼠伤寒沙门氏菌（*hut* 为目标基因）的 DNA 为模板进行多重 PCR 扩增，结果如图 3-32 所示。在多重 PCR 扩增体系中，退火温度设定为 51.2℃，对大肠杆菌 O157：H7、鼠伤寒沙门氏菌、单增李斯特菌进行三因素三水平设计引物浓度正交试验 L₉（3³），即在混合引物中每对引物的终浓度分别为 0.2 μmol/L、

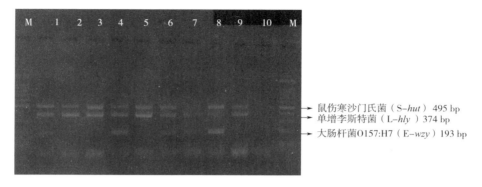

图 3-32　多重 PCR 反应体系中引物浓度的优化

[M：1 kb DNA marker；1~9（大肠杆菌 O157：H7、鼠伤寒沙门氏菌、单增李斯特菌）的引物终浓度：（0.2 μmol/L、0.2 μmol/L、0.2 μmol/L）、（0.2 μmol/L、0.4 μmol/L、0.4 μmol/L）、（0.2 μmol/L、0.8 μmol/L、0.8 μmol/L）、（0.4 μmol/L、0.2 μmol/L、0.4 μmol/L）、（0.4 μmol/L、0.4 μmol/L、0.8 μmol/L）、（0.4 μmol/L、0.8 μmol/L、0.2 μmol/L）、（0.8 μmol/L、0.2 μmol/L、0.8 μmol/L）、（0.8 μmol/L、0.4 μmol/L、0.2 μmol/L）、（0.8 μmol/L、0.8 μmol/L、0.8 μmol/L）；第 10 列为空白对照]

0.4 μmol/L、0.8 μmol/L。根据凝胶电泳的结果得知当大肠杆菌 O157：H7、鼠伤寒沙门氏菌、单增李斯特菌引物的终浓度分别为 0.4 μmol/L、0.2 μmol/L、0.4 μmol/L 时和 0.8 μmol/L、0.2 μmol/L、0.8 μmol/L 时能够扩增出 3 条带且扩增的条带清晰明亮并且不会出现杂带，即此组合引物终浓度的比例为最佳。

综上所述，在多重 PCR 扩增反应的最优条件为：引物 E-wzy、S-hut 和 L-hly 的终浓度分别为 0.4 μmol/L、0.2 μmol/L 和 0.4 μmol/L，反应退火温度为 53.1℃。

3.3.2　AuNPs 的合成与表征

F-AuNPs 通过生物方法合成。首先，将 10 mL 浓度为 240 μg/mL 的羽衣草植物提取物快速加入剧烈搅拌的 10 mL 浓度为 2 mM/mL 氯金酸溶液中混合。混合液的颜色由淡黄色变为蓝色，继续搅拌 10 min。将合成的 F-AuNPs 进行离心纯化，并重悬于超纯水中。以柠檬酸钠为还原剂，采用 Turkevich 法制备球形纳米金（sphere-shaped AuNPs，S-AuNPs）。

如图 3-33 所示，羽衣草植物提取物合成的 F-AuNPs 在溶液中呈现蓝色，在 610 nm 处吸收峰最大，而柠檬酸钠合成的 S-AuNPs 呈现红色，在 525 nm 处吸收峰最大。FE-TEM 分析进一步证实了 AuNPs 的形态。如图 3-34 所示，S-AuNPs 多为球形，F-AuNPs 多为花朵状。

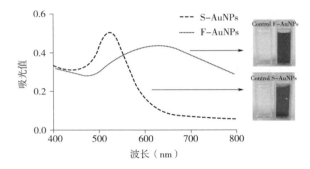

图 3-33　S-AuNPs 和 F-AuNPs 的 UV-vis 光谱图

(插图为相应 AuNPs 的图片)

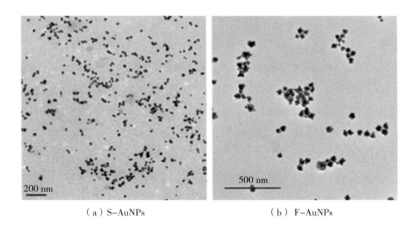

(a) S-AuNPs　　　　　　　　(b) F-AuNPs

图 3-34　AuNPs 的 FE-TEM 图

3.3.3　AuNPs 辅助 PCR 检测法的检测灵敏度研究

AuNPs 辅助检测的基本原理如图 3-35 所示，PCR 产物与 AuNPs 之间的相互作用依赖于 PCR 产物对 AuNPs 的诱导稳定性。这个试验的特异性是基于多重 PCR 反应中使用的目标 DNA 模板。因此，非目标基因组 DNA 即使存在也扩增不出 PCR 产物，导致 F-AuNPs 在高盐环境中聚合，从而产生颜色变化。

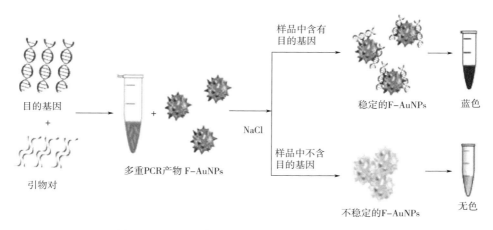

图 3-35　AuNPs 辅助 PCR 检测的作用机理示意图

以柠檬酸钠为原料合成的 S-AuNPs 已得到广泛的研究和应用。在比色法检测中盐浓度对于诱导 AuNPs 聚集是非常重要的，为了优化盐诱导浓度，本实验检测了 S-AuNPs 和 F-AuNPs 的耐盐性。当 S-AuNPs 溶液中的氯化钠浓度为 30 mM 时，颜色由红色变为紫色，当 F-AuNPs 溶液中的氯化钠浓度为 100 mM 时，颜色由蓝色变为无色。

以 F-AuNPs 和 S-AuNPs 为比色传感器进行 AuNPs 辅助检测。如图 3-36（b）所示，PCR 产物在盐环境中没有稳定 S-AuNPs 的能力，这一结果与之前的研究结果一致，即双链 DNA（dsDNA）的带电磷酸基团与吸附在 S-AuNPs 上的柠檬酸盐离子之间的静电斥力阻止了 dsDNA 对 S-AuNPs 的吸附。而由图 3-36（a）可知，PCR 产物在盐环境中具有稳定 F - AuNPs 的能力，100 ng/μL~3.125 ng/μL 浓度的 PCR 产物稳定了在氯化钠环境中的 F-AuNPs，但在 1.56 ng/μL 浓度下则不稳定，这个浓度被认为是 AuNPs 辅助检测的极限，紫外可见吸收分析结果进一步证实了这一结论，由图 3-36（c）、图 3-36（d）可知，由于 S-AuNPs 在 525 nm 和 620 nm 波长上以及 F-AuNPs 在 630 nm 和 800 nm 波长上有不同的聚合度，选择 A_{525}/A_{620} 和 A_{630}/A_{800} 的吸光度强度比来验证比色法的可视化结果。因此，F-AuNPs 可作为 AuNPs 辅助比色传感器检测的材料，且 F-AuNPs 辅助比色检测 PCR 扩增产物的检测线是 3.125 ng/μL。

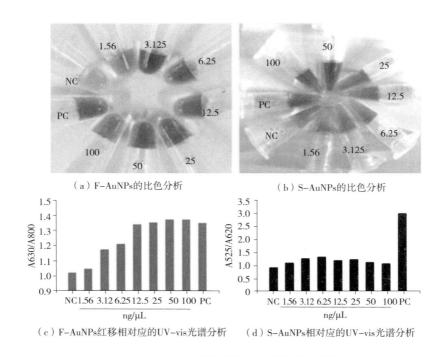

（a）F-AuNPs的比色分析　　　　　（b）S-AuNPs的比色分析

（c）F-AuNPs红移相对应的UV-vis光谱分析　　（d）S-AuNPs相对应的UV-vis光谱分析

图 3-36　AuNPs 辅助检测 PCR 产物的检测限

（PCR 产物的浓度范围为 1.56～100 ng/μL；NC：阴性对照，AuNPs 与氯化钠混合；PC：阳性对照，AuNPs 仅与超纯水混合）

3.3.4　多重 PCR 的检测限

利用从纯培养物中提取的模板 DNA，用多重 PCR 检测方法对单增李斯特菌、鼠伤寒沙门氏菌和大肠杆菌 O157：H7 的检测限进行了评估。图 3-37 是 PCR 产物通过 2.5% 琼脂糖凝胶电泳实验结果，由图可知 3 种目标菌的检测限，单增李斯特菌特异性检测的检出限为 10 pg/μL、鼠伤寒沙门氏菌和大肠杆菌 O157：H7 的检测限均为 50 pg/μL。本研究开发的多重 PCR 检测方法可以方便、有效地检测 3 种菌株。

为了快速、简便地读取多重 PCR 扩增产物的结果，实验中引入了 F-AuNPs 作为比色传感器。每种菌株各取 5 μL 梯度稀释的 PCR 产物（1 ng/μL、500 pg/μL、100 pg/μL、50 pg/μL、10 pg/μL、5 pg/μL）分别与 20 μL 的 F-AuNPs 混合，并加入终浓度为 150 mM 的氯化钠溶液诱导 F-AuNPs 聚合。以

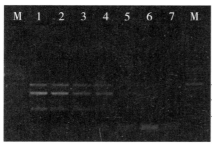

鼠伤寒沙门氏菌（S-*hut*）495 bp
单增李斯特菌（L-*hly*）374 bp
大肠杆菌O157: H7（E-*wzy*）193 bp

图 3-37　多重 PCR 的琼脂糖凝胶电泳检测限

未加氯化钠的 F-AuNPs 溶液的颜色作为阳性对照，将终浓度为 150 mM 的氯化钠溶液诱导包含 5 μL 的 Taq PCR 主混合料、F-AuNPs 混合溶液中的 AuNPs 聚集产生的颜色作为阴性对照。结果如图 3-38 所示，F-AuNPs 分别与不同浓度（1 ng/μL、500 pg/μL、100 pg/μL、50 pg/μL）的 PCR 产物混合，静置 10 min 后，添加目标菌 DNA 的实验组溶液均显示为蓝色，与阳性对照颜色相同。另外，目标菌株的 DNA 浓度为 5 pg/μL 时扩增出的 PCR 产物与 F-AuNPs 混合后显示为无色，与阴性对照颜色相同。因此，以 F-AuNPs 为比色传感器的 AuNPs 辅助检测方法可用于多重 PCR 体系检测，检测结果可通过肉眼直接读取，检测时间为 10 min，显著小于琼脂糖凝胶电泳检测方法所需的检测时间。

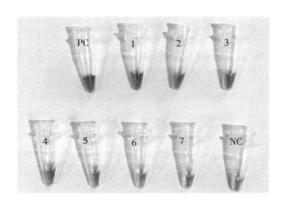

图 3-38　多重 PCR 的 F-AuNPs 比色法检测限

　　综上所述，虽然琼脂糖凝胶电泳法是一种应用广泛、可靠的 PCR 扩增产物检测方法。但该方法成本较高，耗时较长，且劳动强度大，包括凝胶制备、电泳跑胶、凝胶成像等过程需数小时。此外，该方法需要相关的设备，并且每个凝胶允许运行的样本量有限。本研究开发的 AuNPs 辅助比色法具有简单（PCR 产物无须进一步处理）、快速（10 min）、可直接通过肉眼读取、不受样本数量限制的特点，是一种极具应用前景的可实时现场检测的方法。

3.3.5　小结

（1）利用控制变量法对 PCR 反应体系进行优化，最终筛选出退火温度为 53.1℃和三对（以 *wzy* 为目标基因的大肠杆菌 O157：H7、以 *hut* 为目标基因的鼠伤寒沙门氏菌、以 *hly* 为目标基因的单增李斯特菌）扩增时互不干扰且特异性强的引物。引物 E－*wzy*、S－*hut* 和 L－*hly* 终浓度分别为 0.4 μmol/L、0.2 μmol/L、0.4 μmol/L，扩增出的目标条带长度分别为 193 bp、495 bp 和 374 bp，建立了最佳多重 PCR 扩增体系。

（2）利用化学方法和生物方法分别合成了 S－AuNPs 和 F－AuNPs，通过 FE－TEM、UV－vis 以及在盐环境中稳定能力等表征手段对两种 AuNPs 进行了筛选，以未功能化的 F－AuNPs 作为比色传感器用于 PCR 产物的可视化检测，建立了 F－AuNPs 辅助多重 PCR 同时检测大肠杆菌 O157：H7、鼠伤寒沙门氏菌和单增李斯特菌的方法。

（3）多重 PCR 法测定的单增李斯特菌的检出限为 10 pg/μL，大肠杆菌 O157：H7 和鼠伤寒沙门氏菌检出限均为 50 pg/μL。基于 F－AuNPs 的比色法可直接用肉眼检测多重 PCR 产物，其检测限为 3.125 ng/μL，且检测简便、快速、经济。因此，本研究开发的 F－AuNPs 辅助多重 PCR 检测方法简便、特异、灵敏、快速，具有同时检测食品样品中多种食源性致病菌的巨大应用潜力。

第4章

兽药多残留三聚氰胺海绵净化液质联用快速检测技术研究

近年来，随着兽药使用种类和应用规模的剧增，多残留问题已逐渐成为影响我国食品安全的突出问题。动物源食品潜在兽药种类多、残留浓度低、基质干扰严重，加之筛查任务重，亟须突破常规检测方法对兽药多残留进行全面监管，这既是扭转目前不利局面的有力措施，也是未来食品监察技术的发展趋势。兽药检测方法主要包括电化学法、荧光分析法、表面增强拉曼光谱法、表面等离子体共振分析法以及仪器分析法等，这些方法的开发在一定程度上推动了兽药多残留检测技术的发展。基于兽药分子特征，液质联用（LC-MS）技术拥有良好的准确性、重现性、高灵敏性和高通量特征，为兽药多残留分析提供了强有力的技术支撑，逐渐发展成为兽药多残留分析的确证技术和理想手段。

利用 LC-MS 技术进行兽药多残留分析，其准确度与灵敏度易受到动物源食品复杂干扰基质的影响，因此样品通常需要经过适宜的基质净化与分离过程方可被良好分析。根据与基质分离材料的作用方式不同，现有的多残留净化策略主要有两种，即目标物富集型与基质吸附型。目标物富集型策略着眼于兽药分子本身理化性质特征，通常适用于数种或者一类兽药分子的同时净化；而基质吸附型策略从食品干扰基质组成出发，其兽药兼容性较强，逐渐发展成为兽药多残留分析的主流技术。

发展高效、便捷的基质吸附型净化技术依然极具挑战性，这也是当前兽药多残留分析领域的研究热点。根据研究报道的基质吸附材料介质形态及特征，现有的基质吸附分离技术主要可分为溶媒萃取（液相萃取和液相微萃取）、微纳米材料吸附（直通式固相萃取和基质分散固相萃取技术）以及微介孔分离（限进介质材料、涡流色谱和凝胶色谱）等。虽然目前国内外对基质净化分离进行了一些相关研究，但是仍然存在一些问题。首先，目前已报道的净化材料及技术大多难以统筹和解决对不同食品源基质净化覆盖性与选择性、以及兽药多残留兼容性的问题。其次，商业净化材料制备工艺要求严苛、检测成本高，且基质分离过程均需要高速离心、强磁场以及色谱系统等辅助作用，不够便捷，难以在紧迫的动物源食品兽药多残留筛查任务中发挥积极作用。

三聚氰胺海绵（MeS），具有超过99%的孔隙率、约×10^2μm的孔径和相互交联的高分子骨架，且其表面广布纳米级毛细管开孔结构，以及丰富的氨基、羟基、醛基和醚键等化学功能基团，独特的结构性质使其可以作为一种优异的吸附基底材料，也为功能涂层的修饰提供了骨架支撑。据报道，采用化学改性的方法制备功能化的海绵材料以应对复杂的样品检测需求，逐渐成为一个主要的研究方向。其已被广泛应用到众多领域如油水分离、吸附金属离子、去除染料和有机污染物，但目前在食品分析领域还鲜有将其用于兽药多残留基质净化的研究报道。

在本研究中，我们通过设计和制备一系列功能化三聚氰胺海绵，并将其成功应用于牛奶、鸡蛋、羊肉等不同动物源食品中兽药多残留净化过程，通过简单的"浸泡吸附"和"挤压分离"即可在数秒内快速实现对干扰基质地有效去除。综合研究表明基于功能化三聚氰胺海绵的兽药多残留基质净化策略切实可行，该材料不仅具有良好的基质净化效果，而且大幅简化了基质分离过程，适用性良好。以功能化三聚氰胺海绵基质净化为载体的科学研究不仅有助于提升对复杂基质净化过程的科学认识，而且为制备和开发基质净化覆盖性与兽药兼容性强的高效净化材料提供理论指导，能进一步提高三维弹性多孔基质净化材料在食品危害物多残留分析领域的应用水平。

4.1 基于三聚氰胺海绵净化的牛奶中兽药多残留检测研究

牛奶在日常饮食中发挥着越来越重要的作用，在奶牛养殖过程中兽药滥用引发的乳品安全问题引起了公众的极大关注。尽管牛奶中兽药残留水平较低，但长期摄入会导致严重的健康问题，如过敏反应、耐药性、致癌和致畸作用。为了保证牛奶饮用安全，不同国家和国际组织，包括中国政府、美国食品药品监督管理局（FDA）、欧盟、加拿大卫生部，通过设定最高残留限值（MRL）或严格的禁止规定对牛奶中兽药残留进行了强制性监管。

根据文献报道，牛奶中兽药分析方法主要包括酶联免疫吸附（ELISA）、生物传感器法、分光光度测定法、薄层色谱法、高效液相色谱（HPLC）、毛细管电泳质谱（CE-MS）和液相色谱串联质谱（LC-MS/MS）以及液相色谱高分辨率质谱（LC-HRMS）等。然而，大多数方法仅限于特定种类或者类型的药物。由于牛奶中潜在的兽药种类较多，迫切需要建立灵敏、可靠和全面的牛奶中兽药残留检测方法。与其他技术相比，LC-MS/MS 和 LC-HRMS 被广泛应用于分析鉴定多类兽药残留物。虽然 HRMS 具有较高的未知目标筛选能力，但其信号容易受到样品基质的干扰。与 LC-HRMS 技术相比，LC-MS/MS 具有更高的选择性、灵敏度和精密度，已逐渐发展成为兽药多残留定量分析的理想分析工具。

恰当的样品预处理是决定 LC-MS/MS 检测灵敏度与精确性的重要前提。牛奶样品的前处理方法主要包括液液萃取（LLE）、固相萃取（SPE）、固相微萃取（SPME）、分散液液微萃取（DLLME）、基质分散固相萃取（MSPD）、低温处理、溶剂稀释法和 QuEChERS 技术。在已报道的方法中，LLE 和 SPE 是两种使用最广泛的方法。传统的 LLE 和 SPE 方法需要消耗大量有机溶剂且预处理步骤繁琐。SPME 和 DLLME 法都要求操作人员具有熟练操作技能和丰富的经验，以确保实验结果的准确性与可靠性。基质分散固相萃取常因实际操作过程中样品与吸附剂混合均匀性等问题降低实验结果的重现性。低温处理具有一定的杂质去除效果，但通常需要与其他净化技术联合使用。QuECH-ERS 是一种最初被用作农产品农药残留检测的预处理技术，经改良后被用于多种食品中多类污染物的分析。

三聚氰胺海绵是由三聚氰胺、甲醛和硫磺酸钠共同聚合而成的多孔聚合物，各种极性和非极性提取溶剂可以很容易地渗透并稳定地储存其中。根据三聚氰胺海绵的分子结构和功能基团，干扰基质与海绵表面之间会发生各种吸附相互作用，如静电吸引、氢键、π-π 相互作用和疏水相互作用等。目前，在食品分析领域还未有将三聚氰胺海绵用于兽药多残留基质净化研究。本研究提出了一种基于三聚氰胺海绵的改良 QuEChERS 方法，通过 UPLC-MS/MS 法同时检测牛奶中多类兽药残留。与传统的 QuECHERS 方法相比，该方法通过简单的浸泡和挤压即可在数秒内便捷、高效地实现基质净化，无须额外的基质分离操作。本研究首先考察萃取液酸度、脱水剂类型和基质净化模式对三聚氰胺海绵基质净化能力的影响，然后比较了三聚氰胺海绵、C18、PSA 和 QUICLEAR F-QuECHERS-AOAC 多功能针式过滤器的净化效果。最后通过方法学验证（基质效应、线性、选择性、精密度、LODs 和 LOQs）与实际样品分析验证该方法的适用性。

4.1.1　液质联用检测方法的开发

　　液相色谱分离系统采用 Agilent 1290 Infinity II UPLC，色谱柱采用 Agilent ZORBAX Eclipse Plus C18 （100 mm×2.1 mm×1.8 μm），流动相 A 为含有 0.1%甲酸和 5 mmol/L 乙酸铵甲醇水溶液 （V/V，5/95），流动相 B 为甲醇，流速为 0.3 mL/min，进样量为 2 μL，柱温为 35 ℃，色谱梯度洗脱程序见表 4-1。质谱采用电喷雾电离源（ESI），并在多重反应检测模式（MRM）下进行检测。ESI 源参数如下：雾化气流速为 3.0 L/min，干燥气流速为 10.0 L/min，加热气流速为 10.0 L/min，加热气温度为 400 ℃。所有实验数据使用 MultiQuant™ 3.0 软件（AB SCIEX）处理。

表 4-1　流动相梯度洗脱程序

时间（min）	A（%）	B（%）
0	95	5
4	55	45
10	10	90
14	10	90
14.1	95	5
17	95	5

　　实验采用高选择性和高灵敏的 MRM 模式同时测定牛奶中 57 种兽药残留。根据欧盟委员会第 2002/657/EC 号决议，确认阳性化合物应至少计入 4 分（前体离子为 1.0 分，子离子为 1.5 分）。因此，每一种药物的确证分析至少需要两对 MRM 离子。实验通过直接进样浓度为 2 μg/mL 的单标溶液来优化 MRM 参数。在 ESI⁺模式下，大多数药物加氢离子 ［M+H］⁺为主，只有少数药物生成的加钠离子 ［M+Na］⁺。而与相应的 ［M+Na］⁺离子相比，［M+H］⁺离子倾向于产生较为稳定的碎片离子，且强度更高。因此，选择质

子化［M+H］⁺准分子离子作为 ESI⁺检测药物的初级离子。此外，在 ESI⁻模式下，磺胺硝苯（SNT）、甲砜霉素（TAP）、氯霉素（CHL）和新生霉素（NOV）等药物响应良好，去质子化离子［M-H］⁻被确定为上述 4 种药物的前体离子。确定前体离子后，通过碰撞诱解离获得两个丰度较高的子离子，其中丰度最高的子离子用于定量，而另一个用于定性确认。充分的色谱分离和良好的电喷雾电离是准确、灵敏测定兽药多残留的必要条件，特别是对于具有相同初级离子和碎片离子的磺胺类和喹诺酮类药物的同分异构体。研究通过调整梯度洗脱程序，提高了多类兽药在色谱柱上的分离效果。此外，研究结果表明采用含 0.1%的甲酸和 5 mmol/L 乙酸铵的流动相能够促进电喷雾电离过程，且改善某些药物的色谱保留行为和峰形。详细兽药 MRM 参数见表 4-2。

表 4-2　牛奶中 57 种兽药使用 UPLC-MS/MS 分析时的 MRM 参数

分析物	缩写	Rt (min)	ESI (±)	定量离子对	DP (V)	CE (V)	定性离子对	DP (V)	CE (V)
磺胺类（25）									
磺胺胍	SA	1.2	+H	173.0/65.0	98	25	173.0/108.2	102	23
磺胺嘧啶	SD	2.6	+H	251.0/156.1	108	23	251.0/92.0	108	30
磺胺醋酰	SCM	2.2	+H	215.0/156.2	100	20	215.0/108.2	102	29
磺胺噻唑	STA	2.8	+H	256.1/156.2	100	20	256.1/108.1	76	30
磺胺吡啶	SPD	3.1	+H	250.0/156.0	76	22	250.0/108.2	77	31
磺胺二甲基异噁唑	SSX	4.5	+H	268.1/156.0	56	18	268.1/113.1	56	21
磺胺氯哒嗪	SCP	4.2	+H	285.0/156.0	54	21	285.0/92.0	57	44
磺胺氯吡嗪	SPZ	5.2	+H	285.0/108.1	59	40	285.0/92.0	57	44
氨苯砜	DAP	3.6	+H	249.1/156.1	148	19	249.1/108.1	144	28
磺胺喹噁啉	SQZ	5.6	+H	301.2/108.2	40	35	301.2/92.1	40	48
磺胺二甲氧嘧啶	SDM	5.4	+H	311.1/156.1	72	25	311.1/108.1	78	36

续表

分析物	缩写	Rt（min）	ESI（±）	定量离子对	DP（V）	CE（V）	定性离子对	DP（V）	CE（V）
磺胺甲基嘧啶	SM1	3.2	+H	265.0/156.1	59	23	265.0/108.1	59	34
磺胺二甲氧嘧啶	SM2	2.7	+H	279.2/186.1	69	23	279.2/124.1	89	30
磺胺甲噁唑	SMZ	4.2	+H	254.0/156.1	49	22	254.0/108.1	49	31
甲氧苄定	TMP	3.6	+H	291.1/230.1	68	31	291.1/123.2	64	31
磺胺邻二甲氧嘧啶	SDX	4.4	+H	311.1/156.1	72	25	311.1/108.1	78	36
磺胺二甲基异嘧啶	SID	3.8	+H	279.2/186.1	69	23	279.2/124.1	89	30
乙酰磺胺对硝基苯	SNT	6.7	−H	334.1/136.0	50	37	334.1/270.0	34	33
磺胺甲噻二唑	STZ	3.7	+H	271.1/156.1	45	19	271.1/108.1	43	38
磺胺对甲氧嘧啶	SMT	3.8	+H	281.1/156.1	45	23	281.1/92.1	55	38
磺胺间甲氧嘧啶	SMM	3.9	+H	281.1/156.1	45	23	281.1/108	55	34
磺胺甲氧哒嗪	SMP	4.0	+H	281.1/156.1	45	23	281.1/92.1	55	38
磺胺苯酰	SBZ	4.7	+H	277.2/156.2	31	15	277.2/92.0	29	39
磺胺苯吡唑	SPP	5.0	+H	315.1/156.1	55	27	315.1/108.1	77	44
琥珀酰磺胺噻唑	SST	3.8	+H	356.0/256.1	127	24	356.0/192.0	120	46
喹诺酮类（19）									
环丙沙星	CIP	4.2	+H	332.1/314.2	161	26	332.1/288.2	140	23
恩诺沙星	ENR	4.2	+H	320.2/302.1	160	30	360.1/245.2	155	35
氧氟沙星	OFL	3.9	+H	362.2/318.2	144	24	362.2/261.1	154	35
沙拉沙星	SAR	4.6	+H	386.2/342.2	160	25	386.2/299.1	140	36
奥比沙星	ORB	4.4	+H	396.2/352.2	145	24	396.2/295.1	170	31
诺氟沙星	NOR	4.1	+H	320.2/302.1	160	30	320.2/276.2	70	23
萘啶酸	NA	6.7	+H	233.2/187.1	82	33	233.2/215.2	89	20

续表

分析物	缩写	Rt（min）	ESI（±）	定量离子对	DP（V）	CE（V）	定性离子对	DP（V）	CE（V）
麻保沙星	MAR	3.6	+H	363.2/72.2	136	25	363.2/345.1	206	28
洛美沙星	LOM	4.3	+H	352.1/265.2	158	31	352.1/308.1	188	23
氟甲喹	FLU	6.9	+H	262.1/244.1	60	23	262.1/202.2	43	43
吡哌酸	PIP	3.5	+H	304.1/286.1	135	27	304.1/217.1	174	30
培氟沙星	PEF	3.9	+H	334.1/316.0	165	26	334.1/290.2	157	25
噁喹酸	OXA	5.7	+H	262.1/244.1	60	23	262.1/216.1	64	39
氟罗沙星	FLE	3.7	+H	370.1/326.2	165	25	370.1/269.1	166	36
依诺沙星	ENO	3.9	+H	321.0/303.2	175	27	321.0/234.1	123	30
西诺沙星	CIN	5.3	+H	263.1/188.9	27	37	321.0/217.3	30	30
司帕沙星	SPA	5.0	+H	393.2/349.2	171	22	393.2/292.1	177	38
加替沙星	GAT	4.8	+H	376.2/332.2	120	22	376.2/261.0	170	43
莫西沙星	MXF	5.2	+H	402.2/384.1	170	37	402.2/364.3	170	40
大环内酯类（5）									
替米考星	TIL	6.3	+H	869.5/174.0	20	57	869.5/696.5	17	57
交沙霉素	JOS	8.3	+H	828.5/174.2	7	40	828.5/229.0	21	40
泰勒菌素	TYL	7.4	+H	916.6/174.0	8	47	916.6/772.4	9	42
柱晶白霉素	KIT	7.6	+H	772.5/174.1	9	39	772.5/109.2	18	39
阿奇霉素	AZI	5.7	+H	749.6/591.4	112	39	749.6/158.2	112	48
硝基咪唑类（3）									
洛硝哒唑	RON	2.6	+H	201.1/140.2	46	16	201.1/55.0	48	27
甲硝唑	MET	2.7	+H	172.0/128.2	91	18	172.0/82.1	72	32
二甲硝咪唑	DMZ	3.2	+H	142.1/96.0	84	22	142.1/81.1	72	33

续表

分析物	缩写	Rt (min)	ESI (±)	定量离子对	DP (V)	CE (V)	定性离子对	DP (V)	CE (V)
其他（5）									
克林霉素	CLR	6.3	+H	425.2/126.3	86	33	425.2/377.2	87	26
甲砜氯霉素	TAP	3.5	−H	354.1/184.8	90	29	354.1/290.1	111	17
氯霉素	CHL	5.4	−H	321.1/152.1	87	23	321.1/257.0	24	16
双氯青霉素	DIC	7.8	+H	470.1/160.1	38	25	470.1/311.0	42	23
新生霉素	NOV	10.6	−H	611.3/205.0	35	54	611.3/380.4	40	41

4.1.2 牛奶中兽药多残留提取方法的优化

适宜的提取条件是 LC–MS/MS 实现准确、灵敏测定多类兽药的重要前提。考虑到所检测的兽药之间较大的理化差异，设计了 4 种不同提取条件用以研究脱水剂和 Na_2EDTA 添加对药物提取效率的影响。这些条件包括：①提取溶剂（20 mL ACN 和 1 mL H_2O）和盐组合（4.0 g $MgSO_4$ 和 1.0 g NaCl）；②提取溶剂（20 mL ACN 和 1 mL 0.5 mM Na_2EDTA 水溶液）和盐组合（4.0 g $MgSO_4$ 和 1.0 g NaCl）；③提取溶剂（20 mL ACN 和 1 mL H_2O）和盐组合（4.0 g Na_2SO_4 和 1.0 g NaCl）；④提取溶剂（20 mL ACN 和 1mL 0.5mM Na_2EDTA 水溶液）和盐组合（4.0 g Na_2SO_4 和 1.0 g NaCl）。

如图 4-1 所示，除喹诺酮类药物外，其他兽药的回收率均无显著差异。这可能与在提取过程中喹诺酮类药物分子中的 3-羧基和 4-酮碳基可与镁、钙、铁等金属离子形成螯合物，从而导致这些药物的提取效率相对较低。根据研究报道可知，适当添加 Na_2EDTA 不仅可以掩盖基质中的干扰金属离子，还可以与一些靶向药物螯合，从而提高提取效率。然而，所选 57 种兽药在提取条件③和条件④下的回收率均无显著差异。鉴于本研究的目的是建立一种更为广泛有效的药物提取方法，因此选择 20 mL 乙腈、1 mL 0.5 mmol/L Na_2EDTA水溶液、4.0 g Na_2SO_4 和 1.0 g NaCl 用于进一步提取条件优化。

配制不同乙酸含量（0、0.5%、1.0%、3.0%、5.0%，V/V）的乙腈溶液

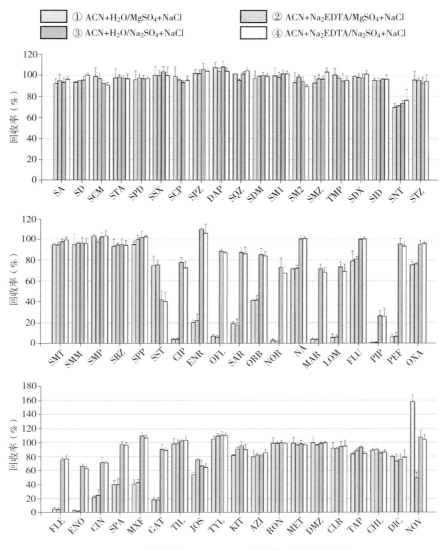

图 4-1　脱水剂和 Na$_2$EDTA 对兽药回收的影响

用以研究酸度对药物回收率的潜在影响。如图 4-2 所示，除喹诺酮类药物外，添加乙酸（0.5%~3%）并没有提高大多数药物的回收率，当乙酸含量持续增加至 5.0% 时，大多数药物的回收率反而降低。乙酸含量为 1.0% 时，喹诺酮类药物的回收率攀升至最大值，而后随着乙酸含量的增加而下降。当乙酸含量为 0.5% 时，除喹诺酮类药物外，其他药物的回收率均在 60%~120% 范围内

（图 4-2）。进一步增加或降低乙酸含量，将导致某些药物的回收率超出可接受的 60%～120% 范围，如 SST、CIP、ENR、NOR、PIP、PEF、ENO 和 JOS。考虑到药物的整体回收率，最佳提取溶剂选择 20 mL ACN-0.5% 乙酸和 1 mL 0.5 mM Na_2EDTA 溶液。

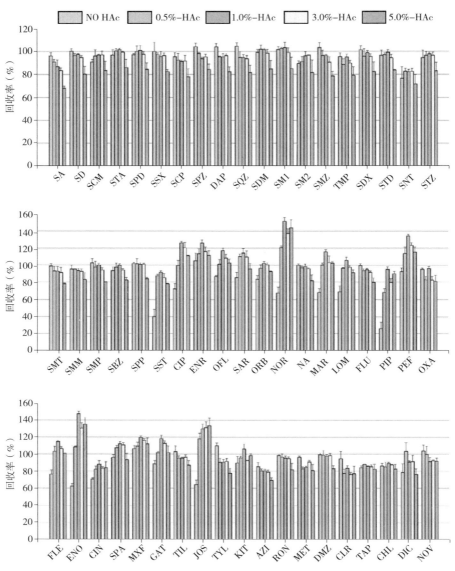

图 4-2　提取溶剂中不同乙酸含量对兽药回收率的影响

4.1.3　三聚氰胺海绵结构表征、基质净化优化及方法对比

如图 4-3 所示，利用扫描电子显微镜（SEM）观察三聚氰胺海绵的微观形貌，其孔径为 60~150 μm，骨架直径为 3~6 μm。根据溶剂吸附和溶剂回收实验，1 cm³ 的三聚氰胺海绵可以吸收约 1 mL 的乙腈提取液，并且可以通过物理挤压回收约 85% 的溶液。此外，过量加载提取溶液会导致基质净化不充分，而较少的溶液往往导致净化溶液的回收体积不足。因此，在本研究中提取溶液的体积和三聚氰胺海绵的用量分别选择为 1 mL 和 1 cm³。

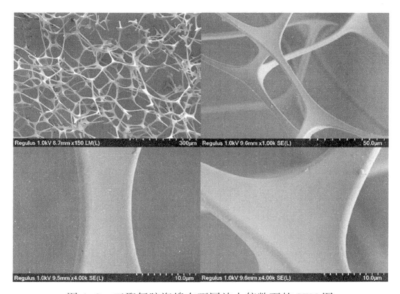

图 4-3　三聚氰胺海绵在不同放大倍数下的 SEM 图

在动态和静态净化模式下，海绵表面和提取溶液中干扰基质的吸附和传质存在差异。在动态吸附模式下，只需简单挤压即可在数秒内完成基质净化。而静态吸附模式下，提取溶液自发地渗入海绵微孔并被保留，直到吸附过程结束。为了更好地研究三聚氰胺海绵的基质吸附特性，本研究深入考察了动态吸附次数（1、3、5 和 7）和静态吸附时间（5 min、10 min）对三聚氰胺海绵净化性能的影响。总体上，大多数药物的回收率处于 60%~120% 的可接受范围内，两种模式之间没有观察到显著差异（图 4-4）。而多次动态吸附（3、5 和 7）和长时间静态吸附（5 min、10 min）可能导致某些药物（如 CIP、ENR、NOR、PEF、ENO、MXF 和 NOV）的回收率高于加标水平基质效应增

强，降低了方法的准确性。通过基质称重实验（图4-5）发现，随着动态循环次数的增加，三聚氰胺海绵的吸附能力逐渐降低。此外，与动态模式相比，较长的吸附时间并没有显著提高三聚氰胺海绵的吸附能力。因此，鉴于三聚氰胺海绵在回收率和吸附效率方面的明显优势，采用动态吸附1次用于后续研究。

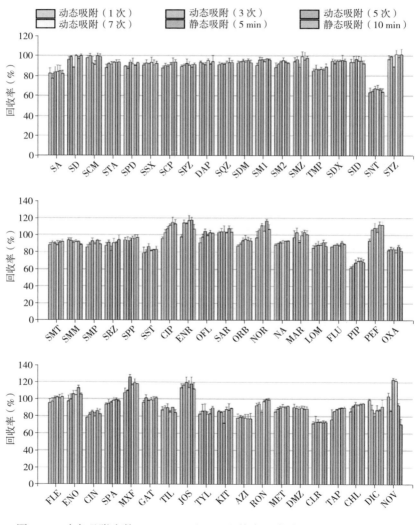

图4-4　动态吸附次数（1、3、5和7）和静态吸附时间（5 min、10 min）
对牛奶中兽药回收率的影响

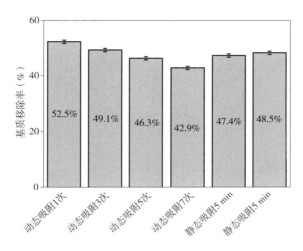

图 4-5　不同净化模式下三聚氰胺海绵对牛奶样品的基质去除率

　　在同等条件下利用商业 d-SPE 吸附剂 C18 和 PSA 以及多功能针式过滤器（MFF）对牛奶样品进行预处理，并按照上述方法评估其净化性能。如图 4-6 和图 4-7 所示，三聚氰胺海绵的净化性能与上述材料相似，基质去除率为 52.5%，回收率为 61.6%～113.2%。其中，尽管多功能针式过滤器具有较高的基质去除率（65.0%），但是 50% 以上喹诺酮类药物的回收率远低于 60%（CIP，13.5%；OFL，23.3%；SAR，32.8%；NOR，9.8%；MAR，26.3%；LOM，15.0%；PIP，2.6%；PEF，32.9%；FLE，24.3%；ENO，9.1%；CIN，35.8%；GAT，31.9%）。此外，还包括一种磺胺类药物（SST，40.5%）和两种大环内酯类（TYL，16.2%；KIT，21.5%）。相比之下，商业 d-SPE 吸附剂 C18 的基质去除率与多功能针式过滤器较为一致（64.4%）。除 PIP（59.4%）和 JOS（125.5%）外，其他药物回收率均在 60%～120% 的可接受范围内。此外，商业 d-SPE 吸附剂 PSA 的基质去除率较低（41.8%），其中有 4 种药物的回收率略低于 60%，一种药物的回收率远超 120%。C18 与 PSA 复配使用时拥有最高的吸附效率（65.5%），但 SST、CIP、PIP 和 CIN 的回收率略低于 60%。综合考虑以上结果，三聚氰胺海绵不仅具有较高的基质去除效率，而且所有兽药的回收率都处于可接受范围内（图 4-7），显示出其相对于商业常规吸附剂的明显优势，在基质净化中具有良好的应用前景。

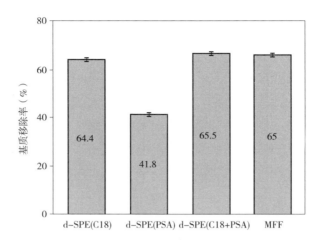

图 4-6　不同净化材料（C18、PSA、MFF）对牛奶样品的基质去除率

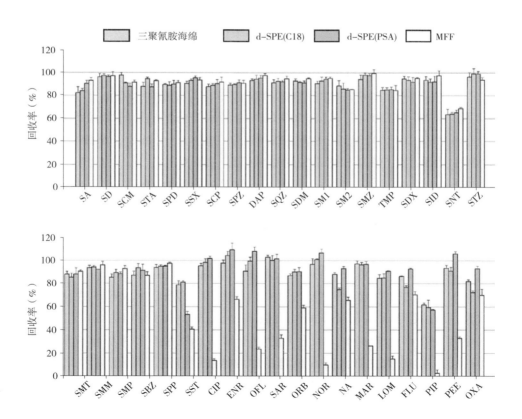

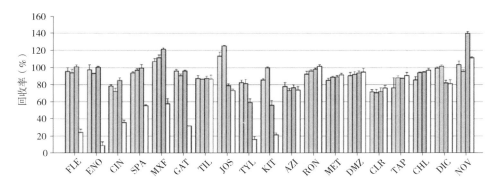

图 4-7　不同净化材料（C18、PSA、MFF 和三聚氰胺海绵）对兽药回收率的影响

4.1.4　方法学验证

在 LC-MS 的电喷雾电离过程中，分析物的 MS 信号可能会受到各种干扰基质的影响，从而引起基质增强或抑制效果。通过构建基质匹配校准曲线和溶剂校准曲线，评估基质效应（matrix effects，ME），计算公式如下：

$$ME(\%) = 100\% \times \left(\frac{k_a}{k_b} - 1 \right) \tag{4-1}$$

其中，k_a 和 k_b 分别表示空白基质和纯溶剂曲线的斜率。一般来说，当 ME 值在 20% 范围内表明基质效应不显著，可以忽略，而当 ME>+20% 或<-20% 则表示存在强烈的基质增强或抑制效应。如表 4-3 所示，除了 SA（-4.1%），SSX（-9.3%）和 OXA（-10.8%）之外，大多数药物都观察到轻微的基质增强效应，并且多数兽药的基质效应均在 ±10% 以内。结果表明使用三聚氰胺海绵净化可有效消除基质效应，兽药的基质效应可忽略不计。然而，为获得更准确的定量结果，实验仍采用基质匹配校正法来进一步降低基质效应。

通过建立阴性对照试验，并根据时间监测窗口内是否存在干扰峰考察该方法的选择性。如图 4-8 所示，该方法具有较强的选择性。通过构建浓度范围为 2~500 μg/kg 的基质匹配曲线（6 个点）来评估监测方法的线性关系。总体上，所有兽药均拥有良好的线性，基质匹配曲线的回归系数（R^2）均高于 0.999，并以 3 倍和 10 倍的信噪比（S/N）分别计算方法检出限（LODs）与定量限（LOQs），如表 4-3 所示，LODs 与 LOQs 分别为 0.1~3.8 μg/kg

表 4-3 牛奶中 57 种兽药的基质效应、回收率、精密度、LODs 和 LOQs

| 分析物 | 缩写 | 基质效应 | R^2 | 回收率±RSD（%，$n=6$） | | | 日间 RSD | LODs/（μg/kg） | LOQs/（μg/kg） |
				低	中	高			
磺胺类（25）									
磺胺胍	SA	-4.1%	0.9995	74.7（±1.2%）	85.6（±3.8%）	84.3（±1.7%）	5.3%	1.9	3.8
磺胺嘧啶	SD	15.5%	0.9994	92.8（±5.4%）	95.8（±0.8%）	95.7（±2.1%）	6.2%	0.4	1.9
磺胺醋酰	SCM	12.1%	0.9996	85.7（±3.9%）	92.3（±3.6%）	93.3（±0.6%）	5.9%	0.2	0.4
磺胺噻唑	STA	9.8%	0.9993	87.7（±3.6%）	92.2（±3.1%）	91.2（±1.3%）	7.0%	0.2	0.4
磺胺吡啶	SPD	10.9%	0.9993	90.5（±3.8%）	93.8（±1.6%）	98.2（±3.7%）	5.8%	0.2	0.4
磺胺二甲基异噁唑	SSX	9.3%	0.9995	90.2（±6.5%）	91.2（±0.3%）	93.2（±2.9%）	7.6%	3.8	6.3
磺胺氯哒嗪	SCP	14.9%	0.9996	91.1（±5.2%）	95.5（±6.7%）	93.4（±5.8%）	6.9%	0.4	1.9
磺胺氯吡嗪	SPZ	14.0%	0.9991	97.0（±0.7%）	97.3（±0.4%）	100.4（±2.1%）	1.9%	1.9	3.8
氨苯砜	DAP	18.7%	0.9991	97.2（±4.0%）	101.2（±4.2%）	103.1（±4.9%）	3.9%	0.2	0.4
磺胺喹噁啉	SQZ	5.7%	0.9993	93.9（±4.8%）	97.5（±1.2%）	98.3（±1.3%）	5.0%	0.4	1.9
磺胺二甲氧嘧啶	SDM	7.9%	0.9993	93.1（±3.6%）	94.4（±3.0%）	96.1（±2.5%）	5.7%	0.2	0.4
磺胺甲基嘧啶	SM1	9.6%	0.9997	93.4（±4.4%）	93.4（±4.9%）	98.2（±2.5%）	4.4%	0.4	0.8
磺胺二甲氧嘧啶	SM2	10.8%	0.9995	81.6（±4.6%）	88.2（±2.6%）	88.5（±2.6%）	10.7%	0.2	0.4
磺胺甲噁唑	SMZ	16.3%	0.9992	93.7（±5.4%）	96.0（±2.3%）	98.8（±5.1%）	3.5%	0.4	1.9

续表

分析物	缩写	基质效应	R^2	回收率±RSD (%, $n=6$)			日间 RSD	LODs/ (μg/kg)	LOQs/ (μg/kg)
				低	中	高			
甲氧苄定	TMP	11.7%	0.9993	84.0 (±4.5%)	89.5 (±1.6%)	87.9 (2.0%)	8.9%	0.2	0.4
磺胺邻二甲氧嘧啶	SDX	17.5%	0.9991	89.4 (±4.5%)	91.9 (±3.7%)	94.8 (±5.5%)	4.9%	0.2	0.4
磺胺二甲基异噁唑	SID	20.9%	0.9992	90.1 (±4.2%)	93.0 (±8.3%)	93.4 (±4.8%)	4.6%	0.4	1.9
乙酰磺胺对硝基苯	SNT	12.3%	0.9995	69.9 (±3.4%)	67.7 (±3.4%)	60.7 (±3.5%)	3.3%	0.1	0.4
磺胺对甲氧嘧啶	SMT	15.9%	0.9992	93.7 (±4.9%)	96.9 (±2.2%)	95.3 (±0.6%)	5.3%	0.4	1.9
磺胺甲噻二唑	STZ	14.9%	0.9997	94.9 (±1.1%)	95.2 (±3.0%)	96.8 (±1.5%)	4.1%	0.1	0.2
磺胺间甲氧嘧啶	SMM	16.7%	0.9994	92.9 (±6.9%)	96.0 (±0.5%)	96.2 (±1.3%)	6.6%	0.4	1.9
磺胺甲氧哒嗪	SMP	17.4%	0.9995	89.9 (±7.2%)	96.9 (±1.3%)	92.2 (±1.1%)	4.6%	0.4	1.9
磺胺苯酰	SBZ	15.9%	0.9996	94.5 (±2.1%)	95.7 (±5.5%)	99.6 (±4.8%)	6.2%	0.4	0.8
磺胺苯吡唑	SPP	12.1%	0.9995	90.2 (±4.8%)	93.3 (±1.6%)	95.6 (±1.8%)	2.7%	0.4	1.9
琥珀酰磺胺噻唑	SST	15.0%	0.9993	81.6 (±3.6%)	86.9 (±5.4%)	89.2 (±5.3%)	9.4%	3.8	6.3
喹诺酮类 (19)									
环丙沙星	CIP	23.5%	0.9993	103.3 (±6.5%)	105.1 (±2.4%)	103.7 (±5.0%)	7.5%	3.8	6.3
恩诺沙星	ENR	11.1%	0.9994	107.3 (±3.8%)	103.8 (±4.2%)	103.8 (±2.5%)	5.8%	0.6	1.9
氧氟沙星	OFL	12.5%	0.9991	105.0 (±4.8%)	101.4 (±4.2%)	104.8 (±4.8%)	4.4%	0.2	0.4

续表

分析物	缩写	基质效应	R^2	回收率±RSD（%，n=6）			日间 RSD	LODs/（μg/kg）	LOQs/（μg/kg）
				低	中	高			
沙拉沙星	SAR	15.3%	0.9992	103.1（±6.1%）	100.1（±3.5%）	102.2（±3.2%）	4.1%	0.2	0.4
奥比沙星	ORB	11.4%	0.9996	92.9（±3.8%）	91.9（±2.2%）	89.6（±3.4%）	7.2%	0.2	0.4
诺氟沙星	NOR	20.4%	0.9991	106.7（±7.3%）	109.6（±6.1%）	107.7（±5.3%）	7.8%	1.9	3.8
萘啶酸	NA	8.0%	0.9997	85.9（±3.7%）	89.4（±1.4%）	91.2（±2.5%）	5.0%	0.2	0.4
麻保沙星	MAR	10.0%	0.9996	95.9（±3.7%）	95.1（±3.7%）	98.2（±2.2%）	5.7%	0.2	0.4
洛美沙星	LOM	8.4%	0.9993	95.7（±3.2%）	92.1（±7.0%）	92.4（±2.3%）	7.2%	0.2	0.4
氟甲喹	FLU	4.6%	0.9997	82.3（±4.7%）	89.1（±2.3%）	89.6（±3.2%）	7.8%	0.2	0.4
吡哌酸	PIP	14.5%	0.9999	63.5（±6.6%）	70.4（±2.6%）	71.7（±1.9%）	8.7%	0.9	1.9
培氟沙星	PEF	3.4%	0.9994	116.0（±7.4%）	109.3（±3.5%）	111.9（±4.2%）	5.7%	0.4	0.8
噁喹酸	OXA	10.8%	0.9994	80.6（±2.7%）	84.8（±3.2%）	81.3（±6.8%）	5.4%	0.2	0.4
氟罗沙星	FLE	9.0%	0.9996	97.8（±3.6%）	95.1（±4.0%）	95.0（±4.9%）	3.8%	0.2	0.4
依诺沙星	ENO	5.5%	0.9990	100.4（±6.1%）	102.0（±3.6%）	102.0（±3.2%）	9.7%	0.4	1.9
西诺沙星	CIN	3.9%	0.9995	81.3（±5.1%）	84.8（±3.1%）	84.1（±2.7%）	6.1%	0.2	0.4
司帕沙星	SPA	10.8%	0.9995	98.1（±3.5%）	99.4（±4.1%）	99.1（±2.5%）	3.4%	0.2	0.4
加替沙星	GAT	5.2%	0.9995	100.2（±3.6%）	98.8（±3.9%）	98.8（±2.6%）	3.2%	0.2	0.8

续表

分析物	缩写	基质效应	R^2	回收率±RSD（%，n=6）			日间RSD	LOD/（μg/kg）	LOQs/（μg/kg）
				低	中	高			
莫西沙星	MXF	10.7%	0.9998	122.7（±4.7%）	111.7（±4.8%）	115.6（±6.5%）	5.6%	0.4	0.8
大环内酯类（5）									
替米考星	TIL	16.6%	0.9993	78.0（±2.9%）	79.7（±2.9%）	79.8（±3.2%）	4.2%	1.9	3.8
交沙霉素	JOS	12.8%	0.9998	91.3（±3.6%）	94.3（±2.3%）	93.5（±1.7%）	6.1%	0.5	0.1
泰勒菌素	TYL	10.8%	0.9999	84.9（±5.8%）	89.4（±3.9%）	89.8（±1.3%）	7.1%	0.4	0.8
柱晶白霉素	KIT	14.6%	0.9999	88.7（±2.9%）	92.4（±0.9%）	92.1（±2.7%）	7.6%	0.4	0.8
阿奇霉素	AZI	12.3%	0.9998	83.9（±5.1%）	87.5（±3.2%）	82.1（±3.2%）	5.0%	0.1	0.2
硝基咪唑类（3）									
洛硝哒唑	RON	11.2%	1.0000	92.1（±6.5%）	95.2（±3.4%）	95.4（±1.5%）	3.2%	0.4	1.9
甲硝唑	MET	9.0%	0.9992	87.1（±6.3%）	92.2（±2.5%）	91.0（±0.7%）	6.3%	1.9	3.8
二甲硝咪唑	DMZ	6.9%	0.9992	91.6（±3.8%）	94.6（±4.8%）	92.6（±3.6%）	5.1%	3.8	6.3
其他（5）									
克林霉素	CLR	8.9%	0.9996	77.2（±3.8%）	83.6（±1.8%）	85.2（±2.5%）	5.5%	0.5	0.1
甲砜氯霉素	TAP	5.1%	0.9997	86.0（±4.7%）	86.6（±2.1%）	90.6（±3.5%）	5.5%	0.4	1.9
氯霉素	CHL	1.5%	0.9997	88.7（±2.7%）	85.5（±3.7%）	86.3（±2.0%）	3.9%	0.1	0.1
双氯青霉素	DIC	13.3%	0.9992	100.8（±3.4%）	99.6（±3.0%）	93.5（±4.9%）	5.8%	3.8	6.3
新生霉素	NOV	12.4%	0.9996	107.5（±3.8%）	99.5（±2.5%）	102.7（±2.8%）	3.2%	3.8	6.3

和 0.2~6.3 μg/kg。方法的准确性和精密度通过加标回收实验评估，在 3 个加标水平下（50 μg/kg、100 μg/kg 和 200 μg/kg）计算阴性对照样品的加标回收率。实验结果显示，所有兽药回收率均在 60.7%~116.0% 的范围内。日内精密度与日间精密度分别小于 8.3% 和 10.7%，表明所开发方法具有良好的精密度。

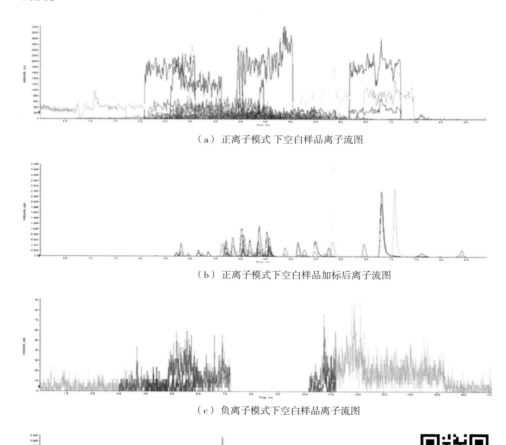

（a）正离子模式下空白样品离子流图

（b）正离子模式下空白样品加标后离子流图

（c）负离子模式下空白样品离子流图

彩图

（d）负离子模式下空白样品加标后离子流图

图 4-8　57 种兽药空白样品和加标样品的色谱图

4.1.5　实际样品分析

从本地市场购买了 57 份牛奶样本，并采用所开发的方法进行分析。结果表明，在两份阳性牛奶样品中分别检出氟甲喹（FLU）和哌啶酸（PIP），含量均在定量限以下。图 4-9 为阳性分析样品的 MRM 色谱图。

Milk- 33-FLV (Unkcom) 262. 1 /244.1[E: \JBC\DataSC20210524. wiff]
Area: 7.274e3, Height: 1.991e3, RT: 7.06min

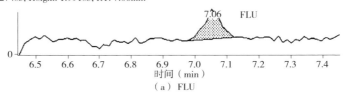

（a）FLU

Milk-25-PIP (Unknown) 304.1/286.1[E\IJBC\DataSC20210524. wiff]
Area: 4.262e3, Height: 1.370e3, RT: 3.50min

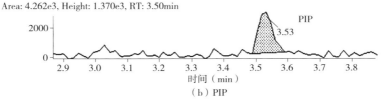

（b）PIP

图 4-9　阳性分析样品的 MRM 色谱图

4.1.6　小结

本章提出了一种基于三聚氰胺海绵的改良 QuEChERS-UPLC-MS/MS 法，用于同时测定牛奶中的 57 种兽药。通过对提取及净化条件进行优化，最终选择 20 mL 的 0.5% 乙酸-乙腈溶液和 1 mL 的 0.5 mmol/L Na_2EDTA 水溶液作为提取溶剂，并用 4.0 g 无水 Na_2SO_4 和 1.0 g NaCl 作为脱水剂，净化模式采用动态吸附 1 次。与商业 d-SPE 吸附剂 C18 和 PSA 以及 MFF 进行对比，结果发现三聚氰胺海绵拥有相同或更好的净化性能。此外，通过简单的浸泡和挤压，可以在几秒内方便地去除基质，并且不需要其他额外的操作。方法学考察结果表明该方法的选择性、线性、基质效应、精密度、LODs 和 LOQs 均能够满足检测需求。利用建立的方法分析了来自不同当地市场的 57 个牛奶样品，仅发现两份阳性样本。以上综合研究结果表明三聚氰胺海绵在食品化学危害物多残留净化中具有较高的开发价值和应用潜力。

4.2 基于硅烷化改性三聚氰胺海绵净化的鸡蛋中兽药多残留检测研究

在家禽养殖中，兽药滥用问题逐渐引起人们对禽蛋安全的广泛关注。建立全面、有效的兽药分析方法是监测禽蛋中兽药多残留的重要途径。兽药种类繁多且残留水平低，常规方法无法满足对多类兽药残留量同时分析的要求。液质联用法（LC-MS）具有高灵敏度、高准确度、高通量的特点，为兽药多残留物的定性和定量分析提供了有力的技术支持。在使用液质联用分析之前，样品如果不进行适当的净化处理，粗提液中复杂的基质会大大降低方法的准确性、灵敏度和重复性。另外，长期大量使用未经净化的样品进样，会对色谱及质谱系统造成不可逆的损害。

药物多残留的样品处理主要包括液-液萃取（LLE）、固相萃取（SPE）和 QuEChERS（Quick, Easy, Cheap, Effective, Rugged and Safe）。众所周知，LLE 会消耗大量的有机溶剂，不仅危害实验人员的健康，而且容易对环境造成污染。自 SPE 技术问世以来，不同类型的 SPE 柱已成功应用于各类兽药多残留量分析。但商业 SPE 小柱不仅价格昂贵，其净化过程也很繁琐且耗时（净化过程主要包括活化、平衡、加载、洗涤和洗脱）。与之相比，QuEChERS 技术更为简单快捷，采用不同的基质吸附剂进行净化，并通过简单的涡流、离心等步骤，可以有效地去除干扰基质。这些方法虽然方便快捷，但仍存在材料团聚、反复涡流离心、磁回收不完全等问题。此外，上述基质净化过程需要额外的辅助设备（离心机、涡旋仪等）或者外部条件（磁场、重力、超声波等），从而降低了禽蛋中兽药多残留分析的便捷性和速度。

随着检测任务的日益繁重，迫切需要开发一种更快速、更方便的药物多类残留检测方法，以应对禽蛋中不同类型的兽药残留。本部分研究采用硅烷化三聚氰胺海绵作为吸附剂，采用 UPLC-MS/MS 法同时检测鸡蛋中多类兽药残留。使用功能化三聚氰胺海绵，只需简单的浸泡和挤压，即可在几秒内轻松实现基质净化，无须离心、磁回收等。首先，考察萃取液酸度、脱水剂类型、净化材料的用量及类型、基质净化模式等对三聚氰胺海绵的基质净化能力的影响；然后比较硅烷化三聚氰胺海绵、C18、PSA 和 QUICLEAR F-

QuECHERS-AOAC 多功能针过滤器的净化效果；最后，通过方法学参数（基质效应、线性、选择性、精密度、LODs 和 LOQs）考察方法的适用性。该研究不仅为常规检测提供了一种新颖高效的吸附剂，同时也为进一步研究和应用各种弹性多孔材料提供了研究基础。

4.2.1　液质联用检测方法的建立

色谱分离系统采用 Agilent 1290 Infinity II UPLC，色谱柱采用 Agilent ZOR-BAX Eclipse Plus C18（100 mm×2.1mm×1.8 μm），流动相 A 为含有 0.1%甲酸和 5 mM 乙酸铵甲醇水溶液（V/V，5/95），流动相 B 为甲醇，流速为 0.3 mL/min，进样量为 2 μL，柱温为 35 ℃。梯度洗脱程序见表 4-4。

表 4-4　流动相梯度洗脱程序

时间（min）	流动相 A（%）	流动相 B（%）
0	95	5
4	55	45
10	10	90
14	10	90
14.1	95	5
17	95	5

质谱使用电喷雾电离源（ESI），并在多重反应监测模式（MRM）下收集数据。ESI 源参数设置如下：雾化气流速为 3.0 L/min；干燥气流速为 10.0 L/min；加热气流速为 10.0 L/min；加热气温度为 400 ℃。详细的药物 MRM 参数见表 4-5。数据处理软件采用 MultiQuant™ 3.0（AB SCIEX）。

表 4-5　禽蛋中 54 种兽药使用 UPLC-MS/MS 分析时的 MRM 参数

分析物	缩写	Rt（min）	ESI（±）	定量离子对	DP（V）	CE（V）	定性离子对	DP（V）	CE（V）
磺胺类（21）									
磺胺脒	SA	1.2	+H	173.0/65.0	98	25	173.0/108.2	102	23

续表

分析物	缩写	Rt (min)	ESI (±)	定量离子对	DP (V)	CE (V)	定性离子对	DP (V)	CE (V)
磺胺嘧啶	SD	2.6	+H	251.0/156.1	108	23	251.0/92.0	108	30
磺胺醋酰	SCM	2.2	+H	215.0/156.2	100	20	215.0/108.2	102	29
磺胺乙酰胺	STA	2.8	+H	256.1/156.2	100	20	256.1/108.1	76	30
磺胺吡啶	SPD	3.1	+H	250.0/156.0	76	22	250.0/108.2	77	31
磺胺二甲基异噁唑	SSX	4.5	+H	268.1/156.0	56	18	268.1/113.1	56	21
磺胺氯哒嗪	SCP	4.2	+H	285.0/156.0	54	21	285.0/92.0	57	44
氨苯砜	DAP	3.6	+H	249.1/156.1	148	19	249.1/108.1	144	28
磺胺喹噁啉	SQZ	5.6	+H	301.2/108.2	40	35	301.2/92.1	40	48
磺胺二甲氧嘧啶	SDM	5.4	+H	311.1/156.1	72	25	311.1/108.1	78	36
磺胺甲基嘧啶	SM1	3.3	+H	265.0/156.1	59	23	265.0/108.1	59	34
磺胺二甲氧嘧啶	SM2	2.7	+H	279.2/186.1	69	23	279.2/124.1	89	30
磺胺甲噁唑	SMZ	4.2	+H	254.0/156.1	49	22	254.0/108.1	49	31
甲氧苄定	TPM	3.6	+H	291.1/230.1	68	31	291.1/123.2	64	31
磺胺邻二甲氧嘧啶	SDX	4.5	+H	311.1/156.1	72	25	311.1/108.1	78	36
磺胺甲噻二唑	STZ	3.7	+H	271.1/156.1	45	19	271.1/108.1	43	38
磺胺对甲氧嘧啶	SMT	3.9	+H	281.1/156.1	45	23	281.1/92.1	55	38
磺胺苯吡唑	SPP	5.0	+H	315.1/156.1	55	27	315.1/108.1	77	44
磺胺间甲氧嘧啶	SMM	4.4	+H	281.1/156.1	45	23	281.1/108.0	55	34
磺胺甲氧哒嗪	SMP	3.9	+H	281.1/156.1	45	23	281.1/92.1	55	38
乙酰磺胺对硝基苯	SNT	6.7	−H	334.1/136.0	50	37	334.1/270.0	34	33

喹诺酮类（20）

环丙沙星	CIP	4.2	+H	332.1/314.2	161	26	332.1/288.2	140	23
达氟沙星	DAN	4.3	+H	358.2/340.1	178	29	358.2/82.1	156	46
恩诺沙星	ENR	4.2	+H	320.2/302.1	160	30	360.1/245.2	155	35

续表

分析物	缩写	Rt （min）	ESI （±）	定量 离子对	DP （V）	CE （V）	定性 离子对	DP （V）	CE （V）
氧氟沙星	OFL	3.0	+H	362.2/318.2	144	24	362.2/261.1	154	35
沙拉沙星	SAR	4.6	+H	386.2/342.2	160	25	386.2/299.1	140	36
奥比沙星	ORB	4.4	+H	396.2/352.2	145	24	396.2/295.1	170	31
诺氟沙星	NOR	4.1	+H	320.2/302.1	160	30	320.2/276.2	70	23
萘啶酸	NA	6.7	+H	233.2/187.1	82	33	233.2/215.2	89	20
二氟沙星	DIF	4.5	+H	400.1/365.2	195	26	400.1/299.1	174	35
麻保沙星	MAR	3.6	+H	363.2/72.2	136	25	363.2/345.1	206	28
洛美沙星	LOM	4.3	+H	352.1/265.2	158	31	352.1/308.1	188	23
氟甲喹	FLU	6.9	+H	262.1/244.1	60	23	262.1/202.2	43	43
培氟沙星	PEF	3.9	+H	334.1/316.0	165	26	334.1/290.2	157	25
氟罗沙星	FLE	5.7	+H	262.1/244.1	60	23	262.1/216.1	64	39
依诺沙星	ENO	3.7	+H	370.1/326.2	165	25	370.1/269.1	166	36
西诺沙星	CIN	3.9	+H	321.0/303.2	175	27	321.0/234.1	123	30
司帕沙星	SPA	5.3	+H	263.1/188.9	27	37	321.0/217.3	30	30
莫西沙星	MXF	5.0	+H	393.2/349.2	171	22	393.2/292.1	177	38
加替沙星	GAT	5.2	+H	402.2/384.1	170	37	402.2/364.3	170	40
噁喹酸	OXA	4.8	+H	376.2/332.2	120	22	376.2/261.0	170	43
大环内酯类（5）									
替米考星	TIL	6.2	+H	869.5/174.0	20	57	869.5/696.5	17	57
交沙霉素	JOS	8.3	+H	828.5/174.2	7	40	828.5/229.0	21	40
泰勒菌素	TYL	7.4	+H	916.6/174.0	8	47	916.6/772.4	9	42
柱晶白霉素	KIT	7.6	+H	772.5/174.1	9	39	772.5/109.2	18	39
阿奇霉素	AZI	5.7	+H	749.6/591.4	112	39	749.6/158.2	112	48

续表

分析物	缩写	Rt (min)	ESI (±)	定量离子对	DP (V)	CE (V)	定性离子对	DP (V)	CE (V)
硝基咪唑类（3）									
洛硝哒唑	RON	2.6	+H	201.1/140.2	46	16	201.1/55.0	48	27
甲硝唑	MET	2.7	+H	172.0/128.2	91	18	172.0/82.1	72	32
二甲硝咪唑	DMZ	3.2	+H	142.1/96.0	84	22	142.1/81.1	72	33
其他（5）									
甲砜氯霉素	TAP	3.5	−H	354.1/184.8	90	29	354.1/290.1	111	17
氯霉素	CHL	5.4	−H	321.1/152.1	87	23	321.1/257.0	24	16
双氯青霉素	DIC	7.8	+H	470.1/160.1	38	25	470.1/311.0	42	23
头孢噻呋	CEF	8.2	+H	524.0/446.1	176	27	524.0/185.0	1.4	17
克林霉素	CLR	6.3	+H	425.2/126.3	86	33	425.2/377.2	87	26

4.2.2 硅烷化三聚氰胺海绵材料的制备与表征

硅烷化三聚氰胺海绵采用两步溶胶-凝胶法制备而成。将三聚氰胺海绵（MeS）切成微型小柱（$\phi 9$ mm×H3 mm）并浸入含有不同种类硅烷试剂（OTS、ATS、PTS）及其混合溶液中（30 min）。随后，将收集的海绵用甲苯洗涤几次，最后于120℃干燥1 h。将得到的硅烷化海绵分别表示为（O）TS@MS、（A）TS@MS、（P）TS@MS、（OA）TS@MS、（OP）TS@MS、（AP）TS@MS和（OAP）TS@MS。

采用傅里叶变换红外光谱（Vertex 70 FTIR，Bruker）、X射线光电子能谱仪（ESCALAB Xi+，Thermo Scientific）和扫描电子显微镜（SEM，JEOL JSM-7001F）对硅烷化三聚氰胺海绵进行表征。图4-10（a）为三聚氰胺海绵经不同硅烷修饰后的FTIR光谱。对于三聚氰胺海绵，分别在1151 cm⁻¹、1560 cm⁻¹、2933 cm⁻¹和3404 cm⁻¹处观察到属于C—N、C＝N、C—H和N—H的伸缩振动峰。此外，1328 cm⁻¹和1471 cm⁻¹处的峰对应于亚甲基C—H弯曲振动。位于983 cm⁻¹和572 cm⁻¹处的峰归属于C—H面内变形振动。分别在810 cm⁻¹和1616 cm⁻¹处发现三嗪环和N—H的弯曲振动峰。用OTS进行硅烷

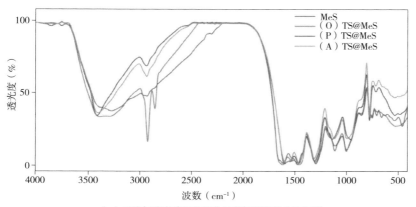

（a）三聚氰胺海绵及硅烷化三聚氰胺海绵的FTIR图

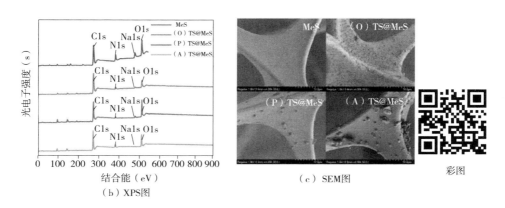

（b）XPS图　　　　　　　　　　　（c）SEM图

图 4-10　硅烷化三聚氰胺海绵材料的表征

化改性后，2850 cm^{-1} 和 2920 cm^{-1} 处的峰强度显著增强，这归因于 C—H 在烷基链的—CH$_2$ 和—CH$_3$ 的伸缩振动。经 PTS 进行硅烷化后（图 4-11），单取代苯的特征峰出现在指纹区域 638 cm^{-1} 和 736 cm^{-1}，表明 PTS 成功键合于 MeS 表面。相比之下，在（A）TS@ MeS 的 FTIR 光谱和未经处理的 MeS 之间没有观察到明显的差异。但当与 OTS 和 ATS 共聚时，N—H 拉伸和C—H 弯曲振动在 1151 cm^{-1} 和 1020 cm^{-1} 处的峰显著增强。

　　图 4-12 所示的不同硅烷化海绵的 XPS 光谱显示了 4 种主要元素，包括 C、N、Na 和 O。硅烷化后三聚氰胺海绵的 C1s、N1s 和 O1s 峰强度发生了显著变化。如图 4-12 所示，与 OTS 或 PTS 共聚后，C1s 和 O1s 峰的相对强度明显提高，但与 ATS 共聚后，N1s 峰的相对强度下降。因为与三聚氰胺

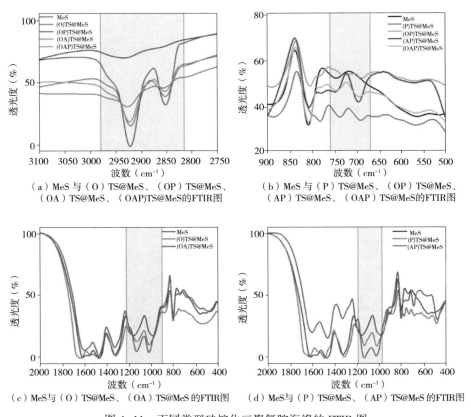

图 4-11　不同类型硅烷化三聚氰胺海绵的 FTIR 图

海绵相比，OTS 和 PTS 中的碳氧含量相应较高，PTS 中的氮含量较低。不同硅烷对海绵进行改性后，其微观形貌发生明显变化。例如，三聚氰胺海绵分别经 OTS、PTS 和 ATS 硅烷化处理后，其表面形成大量绒毛状、立方状和泥浆状共聚物。除（OP）TS@ MeS 外，三聚氰胺海绵骨架表面在相互共聚合时被一层泥状类似物覆盖（图 4-13）。（OA）TS@ MeS 和（AP）TS@ MeS 的微观形貌与（A）TS@ MeS 的微观形貌相似，而（OP）TS@ MeS 与（O）TS@ MeS 相似。如图 4-13（d）和图 4-14 所示，三种硅烷化试剂共聚时，可以在（OAP）TS@ MeS 的骨架表面上观察到上述三种形貌（绒毛状、立方状和泥浆状）。

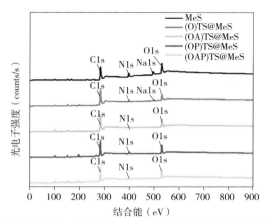

（a）MeS与（O）TS@MeS、（OA）TS@MeS、（OP）TS@MeS、（OAP）TS@MeS的XPS图

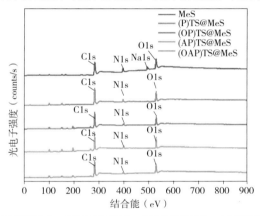

（b）MeS与（P）TS@MeS、（OP）TS@MeS、（AP）TS@MeS、（OAP）TS@MeS的XPS图

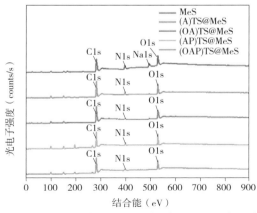

（c）MeS与（A）TS@MeS、（OA）TS@MeS、（AP）TS@MeS、（OAP）TS@MeS的XPS图

图 4-12　不同类型硅烷化三聚氰胺海绵的 XPS 图

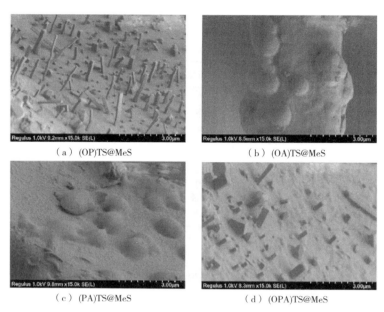

（a）(OP)TS@MeS   （b）(OA)TS@MeS

（c）(PA)TS@MeS   （d）(OPA)TS@MeS

图 4-13   不同类型硅烷化三聚氰胺海绵的 SEM 图

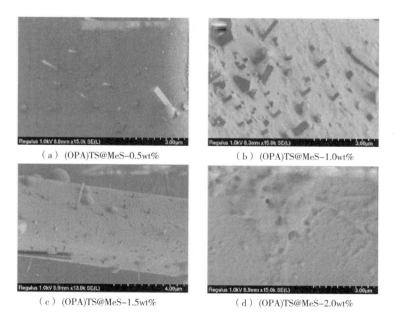

（a）(OPA)TS@MeS–0.5wt%   （b）(OPA)TS@MeS–1.0wt%

（c）(OPA)TS@MeS–1.5wt%   （d）(OPA)TS@MeS–2.0wt%

图 4-14   同时使用三种硅烷化试剂改性三聚氰胺海绵的 SEM 图

4.2.3　硅烷化三聚氰胺海绵净化方法优化

4.2.3.1　硅烷化三聚氰胺海绵种类的选择

将 7 种不同的改性海绵用于粗提液的净化，从图 4-15（a）可以看出：大部分药物回收率处于 60%~120% 的范围内，表明它们能够有效去除鸡蛋中的基质干扰。特别地（OPA）TS@MeS 所获得的药物回收率均在 61.4%~108.4% 的可接受范围内，与其他改性海绵相比，具有明显的优越性。然而，（A）TS@MeS、（OA）TS@MeS、（AP）TS@MeS 和（OPA）TS@MeS 之间没有显著差异。通过考察净化后基质去除率研究上述改性海绵的净化效率，结果表明：不同改性海绵在去除基质效率方面存在显著差异。如图 4-15（b）所示，（OPA）TS@MeS 的基质去除效率最高，其次是（OA）TS@MeS、（OP）TS@MeS、（O）TS@MeS、（PA）TS@MeS、（A）TS@MeS 和（P）TS@MeS。总体上，经 OTS 修饰的三聚氰胺海绵的基质吸附能力优于使用 PTS 和 ATS 修饰的海绵。基于上述结果，选择（OPA）TS@MeS 作为鸡蛋基质净化材料用于进一步研究。

此外，还研究了硅烷浓度（0.5 wt%、1.0 wt%、1.5 wt% 和 2.0 wt%）对（OPA）TS@MeS 基质净化的影响，制备的海绵分别表示为（OPA）TS@MeS-0.5 wt%、（OPA）TS@MeS-1.0 wt%、（OPA）TS@MeS-1.5 wt% 和（OPA）TS@MeS-2.0 wt%。如图 4-16（a）所示，不同硅烷浓度改性海绵获得了相似的药物回收分布。由实验结果可知，基质去除效率最高的是（OPA）TS@MeS-1.0 wt%，其次是（OPA）TS@MeS-1.5 wt%、（OPA）TS@MeS-2.0 wt%、（OPA）TS@MeS-0.5 wt%。通过 SEM 图观察到上述 4 种硅烷化海绵的微观形貌，如图 4-14 所示，在 0.5 wt% 的较低浓度下，（OPA）TS@MeS-0.5 wt% 的表面光滑，主要覆盖着稀疏的短棒状共聚物。相比之下，与高浓度硅烷溶液的共聚倾向于形成覆盖有不同共聚物的粗糙表面。同时，硅烷试剂浓度为 1.0 wt% 在海绵骨架上形成了更丰富、更长的共聚物。而随着硅烷浓度持续增加，海绵骨架上产生了一层致密的泥浆状物质，不均匀地包裹在海绵骨架周围。结果表明基质吸附量与海绵表面形成的共聚物的类型和含量有关。根据实验回收率和基质去除率，选择（OPA）TS@MeS-1.0 wt% 作为优选的鸡蛋基质净化材料。

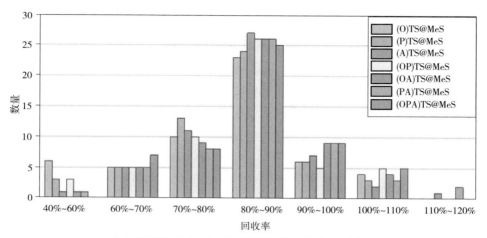

（a）使用不同类硅烷化三聚氰胺海绵对检测兽药的回收率分布

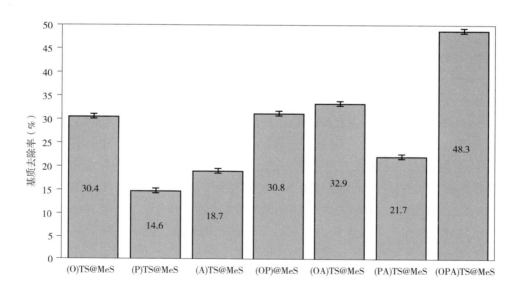

（b）使用不同类型硅烷化三聚氰胺海绵净化后的样品基质去除率

图 4-15　硅烷化三聚氰胺海绵种类选择结果

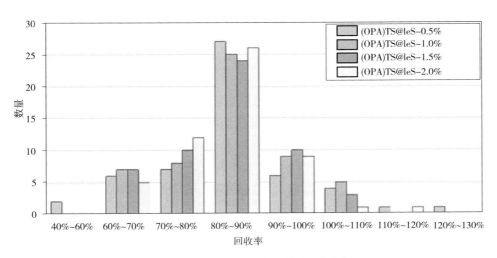

（a）不同(OPA)TS@MeS 对检测兽药的回收率分布

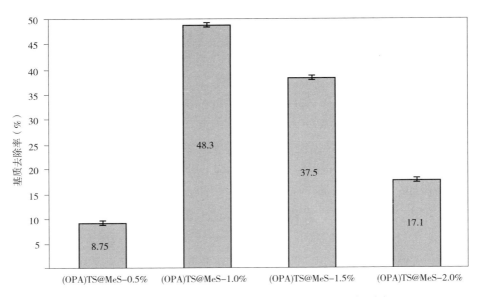

（b）不同 (OPA)TS@MeS 净化后的样品基质去除率

图 4-16　（OPA）TS@ MeS 选择结果

4.2.3.2 硅烷化海绵用量的优化

为了考察吸附剂用量对净化效率的影响，将不同数量的硅烷化三聚氰胺海绵小柱分装至到注射器中。当使用一个或两个海绵小柱时，不足一半的乙腈提取液（1 mL）可以被吸入海绵中，这不利于快速高效的基质净化。当填装过多海绵小柱时（ $n \geqslant 7$ ），顶部的海绵几乎不会被粗提取液浸润。因此，通过加标回收实验研究了填装不同数量硅烷化海绵小柱（3、4、5 和 6）的基质净化效果。如图 4-17 所示，大多数药物的回收率处于 60%~110%。除两种 β-内酰胺（双氯西林和头孢噻呋）和 3 种硝基咪唑（罗硝唑、甲硝唑和二甲硝唑）以及两种氯霉素（甲砜霉素和氯霉素）外，增加硅烷化小柱的数量会导致几乎所有喹诺酮类药物的回收率升高。当同时使用 5 个或 6 个硅烷化海绵小柱时，所有药物回收率均已提高到 60% 以上。尽管在上述两种条件下，药物回收率处于 80%~110% 数量相等，但前者（ $n=5$ ）药物回收率大都位于 90%~100%。因此，最佳的海绵小柱使用数量为 5 个。

4.2.3.3 动静态净化模式对比

硅烷化三聚氰胺海绵支持动态净化和静态净化两种模式。在动态模式下，通过快速推拉注射器的柱塞杆，将粗提液反复吸进和挤出海绵。在静态模式下，粗提取液被稳定地储存于海绵微孔中，直至完成净化过程。鉴于动态和静态模式扩散和吸附行为的差异，研究考察了不同动态净化模式（1、3）和静态净化模式（5 min、10 min）下的药物回收率。根据加标实验的结果可知，所有药物回收率均在 60.3%~101.8% 的可接受范围内（图 4-18）。静态模式的净化效率略高于动态净化模式，药物回收率在 90%~110%，但动态和静态模式的两组实验数据之间没有显著差异。鉴于动态净化模式（ $n=1$ ）在基质净化效率上的明显优势，选择该模式用于后续药物分析。

4.2.3.4 硅烷化三聚氰胺海绵与其他吸附剂的比较

如图 4-19 所示，通过比较硅烷化三聚氰胺海绵和商业 d-SPE 吸附剂（C18 和 PSA）获得的药物回收率发现，商业 d-SPE 吸附剂（50 mg C18 或 50 mg PSA）作为净化材料时，大多数兽药回收率处于 60%~100% 范围内。d-SPE C18 作为净化材料时，回收率处于 60%~120% 外的药物有 NOR（58.2%）；d-SPE PSA 作为净化材料时，回收率处于 60%~120% 外的药物有 NOR（59.2%）、ENO（59.2%）、TYL（50.6%）、KIT（49.1%）。此外，混合使用 C18 和 PSA 两类净化材料时，CIP 的回收率降至 58.2%。而硅烷化三

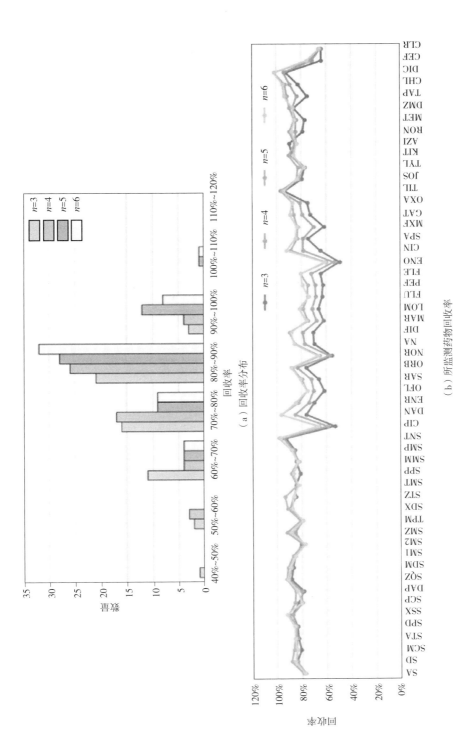

（a）回收率分布

（b）所监测药物回收率

图 4-17　使用不同数量的硅烷化海绵小柱进行基质净化获得检测兽药的回收率及其分布

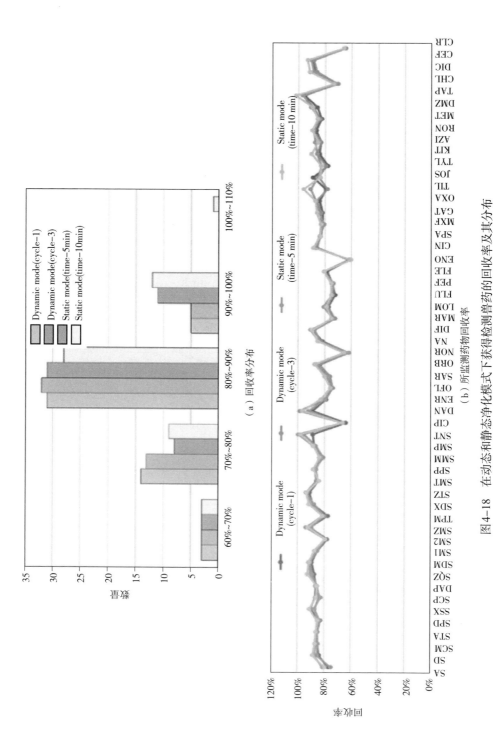

（a）回收率分布

（b）所监测药物回收率

图4-18 在动态和静态净化模式下获得检测兽药的回收率及其分布

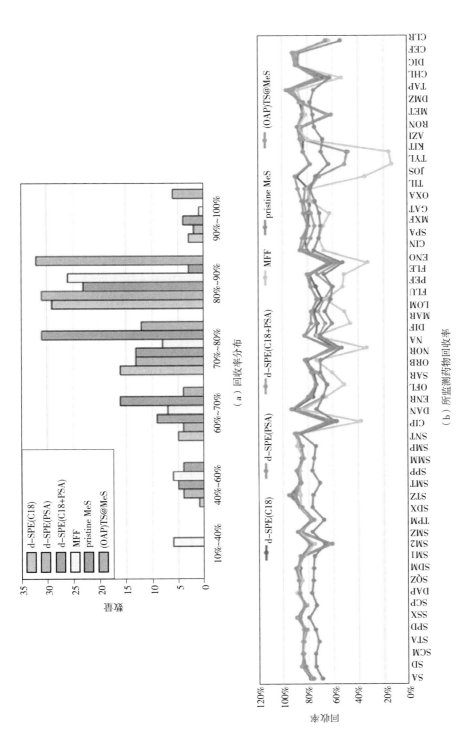

图 4-19　使用不同吸附剂获得的检测兽药回收率及其分布

聚氰胺海绵作为净化材料时，所有药物回收率均在 62.0%~97.0%的可接受范围内，显示出其在药物多类残留分析中良好的应用前景。同时，使用三聚氰胺海绵可极大简化样品制备过程，无须离心、磁回收等相分离过程。

此外，本研究还利用了快速、简便的直通式 QUICLEAR F-QuEChERS-AOAC MFF 用于药物多残留分析，并与所开发的方法进行了比较。结果显示，MFF 共有 12 种兽药的回收率远低于 60%，包括 8 种喹诺酮类药物 CIP（38.2%）、OFL（51.3%）、NOR（33.4%）、MAR（46.5%）、LOM（50.9%）、PEF（52.3%）、FLE（51.3%）、ENO（32.6%）和 3 种大环内酯类药物 JOS（34.8%）、TYL（13.4%）、KIT（15.4%）以及 1 种 β-内酰胺 CEF（53%）。喹诺酮类、大环内酯类和其他药物的回收率明显降低，可能与它们与 MFF 中的镁离子发生强螯合作用有关。此外，与原始海绵比较发现，必要的硅烷化修饰显著增加了检测兽药的总体回收率。基于上述实验结果，功能化三聚氰胺海绵可视为一种操作方便、快速高效的基质净化材料。

4.2.4 方法学验证

在电喷雾电离过程中，分析物的 MS 信号可能会受到各种干扰基质的影响，这将明显影响测定方法的准确性。对于每种药物的基质效应（matrix effect, ME）的计算方法参考公式 4-1。如表 4-3 所示，用硅烷化三聚氰胺海绵净化后，未观察到明显的基质抑制（<20%）或增强（>+20%）效应，表明改性海绵在鸡蛋分析中的净化效率较高。值得注意的是，所有药物获得的 ME 值均在±9.8%以内。为了尽可能消除基质效应，本研究仍采用基质匹配曲线法来进一步获得准确的测定结果。

为考察该方法的选择性，实验将开发的改良 QuEChERS 技术直接用于分析阴性对照样品。如图 4-20 所示，在检测时间窗内未发现基质干扰峰，表明方法具有较高的选择性。通过构建 54 个药物的基质匹配曲线对线性关系进行评估（线性浓度范围为 2~500 μg/kg）。总体上，所有兽药均表现出良好的线性，相关系数 R^2>0.999。分别以 3 倍和 10 倍信噪比计算检出限（LOD）与定量限（LOQ），该实验获得了相对较低的 LOQs（0.3~10.9 μg/kg）和 LODs（0.1~3.8 μg/kg）（表 4-6）。上述实验结果表明，该方法在鸡蛋中兽药痕量检测方面具有良好的灵敏性。方法准确度根据通过在不同加标水平下（50 μg/kg、100 μg/kg、200 μg/kg）获得的平均回收率来评估，所有回收率试验重复 6 次。如表 4-6 所示，所有兽药回收率在低、中、高浓度下分别在

61.5%~94.9%、62.0%~97.0%和63.3%~89.9%。根据3种加标水平下药物的回收率中计算日内精密度，并根据连续3天内重复实验获得药物回收率计算日间精密度。如表4-6所示，所有药物的日内和日间精密度分别小于7.8%和10.8%，证明了所开发方法具有良好的精密度。

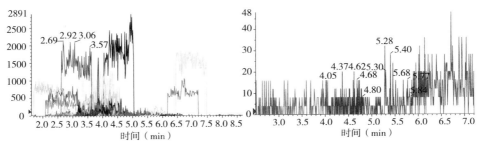

（a）正离子监测模式下阴性对照样品离子流图　（b）负离子监测模式下阴性对照样品离子流图

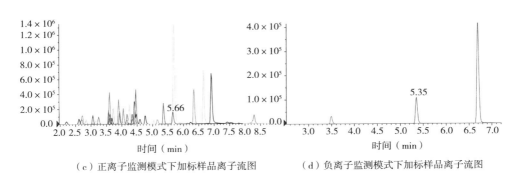

（c）正离子监测模式下加标样品离子流图　（d）负离子监测模式下加标样品离子流图

图 4-20　54 种兽药空白样品和加标样品的色谱图

4.2.5　实际样品分析

彩图 4-20

　　利用所开发的方法对农产品市场购买的 52 个鸡蛋样品进行检测（样品编号为 Egg1-Egg52）。如表 4-7 所示，约 44.2% 的测试样品至少检测出一种兽药残留。其中，共有 10 个样本同时被两种或两种以上的兽药污染。与其他类型的兽药相比，喹诺酮类药物的检出频率最高，占兽药总数的 60.0% 和检测阳性样品数量的 87.0%。特别是 Egg1 中同时检测到 4 种喹诺酮类药物：氧氟沙星、奥比沙星、氟甲喹、萘啶酸。此外，恩诺沙星的检出率最高（19.2%），其次是

表4-6 鸡蛋中54种兽药的基质效应、回收率、精密度、LODs和LOQ

分析物	缩写	基质效应	R^2	回收率±RSD (%, n=6)			日间 RSD	LOQs/(μg/kg)	LODs/(μg/kg)
				低	中	高			
磺胺类 (21)									
磺胺胍	SA	0.7%	0.9995	78.8 (±2.5%)	76.4 (±1.5%)	73.4 (±2.5%)	5.2%	4.0	2.3
磺胺嘧啶	SD	2.3%	0.9996	82.4 (±1.7%)	83.6 (±2.6%)	82.8 (±3.8%)	5.3%	1.2	0.3
磺胺醋酰	SCM	3.7%	0.9994	82.4 (±2.7%)	85.1 (±1.6%)	80.3 (±4.1%)	3.5%	4.9	2.0
磺胺醋酰	STA	5.9%	0.9996	80.1 (±2.9%)	84.8 (±2.9%)	80.0 (±2.5%)	4.2%	2.1	0.4
磺胺吡啶	SPD	6.2%	0.9996	83.1 (±1.5%)	84.2 (±6.4%)	81.3 (±5.1%)	8.1%	2.1	0.4
磺胺二甲基异噁唑	SSX	4.7%	0.9997	83.4 (±1.7%)	86.9 (±3.1%)	85.1 (±4.4%)	5.6%	1.7	0.4
磺胺氯哒嗪	SCP	6.0%	0.9991	82.4 (±4.2%)	83.1 (±4.5%)	81.5 (±1.6%)	6.8%	4.3	1.3
氨苯砜	DAP	2.5%	0.9992	84.3 (±2.7%)	86.7 (±3.4%)	81.2 (±3.1%)	5.9%	2.1	0.4
磺胺喹噁啉	SQZ	5.6%	0.9997	84.2 (±2.8%)	87.7 (±3.6%)	87.5 (±4.5%)	5.2%	2.8	0.6
磺胺二甲氧嘧啶	SDM	4.6%	0.9996	85.8 (±0.9%)	90.0 (±1.5%)	82.9 (±3.2%)	4.8%	1.5	0.4
磺胺甲基嘧啶	SM1	-2.5%	0.9992	82.7 (±1.8%)	84.6 (±7.3%)	82.1 (±4.3%)	7.0%	0.8	0.4
磺胺二甲嘧啶	SM2	4.4%	0.9997	75.0 (±1.6%)	78.9 (±3.5%)	73.4 (±3.9%)	4.3%	0.8	0.4
磺胺甲噁唑	SMZ	0.5%	0.9992	84.3 (±4.0%)	88.5 (±2.0%)	86.0 (±3.4%)	5.5%	1.5	0.2
甲氧苄定	TMP	-0.9%	0.9998	73.5 (±2.3%)	75.4 (±2.1%)	75.8 (±4.7%)	5.9%	1.3	0.2

续表

分析物	缩写	基质效应	R^2	回收率±RSD（%，n=6）			日间 RSD	LOQs/（μg/kg）	LODs/（μg/kg）
				低	中	高			
磺胺邻二甲氧嘧啶	SDX	2.8%	0.9995	81.7（±2.7%）	84.9（±4.3%）	81.3（±4.2%）	6.7%	2.1	0.4
磺胺甲噻二唑	STZ	3.8%	0.9991	80.9（±3.9%）	95.2（±1.4%）	82.7（±3.9%）	3.8%	0.5	0.2
磺胺对甲氧嘧啶	SMT	2.1%	0.9996	82.2（±2.3%）	86.6（±1.4%）	79.3（±3.8%）	6.5%	2.1	0.4
磺胺苯吡唑	SPP	3.0%	0.9999	85.4（±1.9%）	88.7（±1.8%）	84.9（±4.6%）	7.2%	5.5	2.0
磺胺间甲氧嘧啶	SMM	2.3%	0.9993	87.0（±3.9%）	84.2（±2.6%）	78.7（±5.2%）	5.9%	2.8	0.6
磺胺甲氧哒嗪	SMP	5.8%	0.9993	83.4（±1.9%）	84.7（±4.2%）	78.1（±4.1%）	5.3%	4.0	2.3
乙酰磺胺对硝基苯	SNT	1.2%	0.9996	87.0（±1.6%）	89.7（±3.0%）	87.2（±4.2%）	6.1%	0.8	0.2
喹诺酮类（20）									
环丙沙星	CIP	−9.1%	0.9999	61.5（±2.0%）	65.2（±6.4%）	66.0（±3.9%）	8.6%	10.3	3.8
达氟沙星	DAN	1.8%	0.9998	71.1（±1.3%）	73.0（±4.8%）	70.0（±3.5%）	5.1%	2.1	0.4
恩诺沙星	ENR	2.1%	0.9992	78.6（±2.2%）	80.0（±3.8%）	75.4（±3.3%）	5.0%	1.3	0.2
氧氟沙星	OFL	0.0%	0.9989	74.8（±3.4%）	73.9（±4.0%）	70.2（±3.8%）	4.9%	2.1	0.2
沙拉沙星	SAR	5.7%	0.9995	76.4（±2.6%）	77.4（±2.0%）	75.8（±3.8%）	5.2%	4.0	2.0
奥比沙星	ORB	2.8%	0.9997	79.5（±1.9%）	81.8（±2.7%）	78.5（±3.9%）	5.1%	0.7	0.1
诺氟沙星	NOR	−9.8%	0.9997	63.7（±3.0%）	62.0（±3.4%）	63.8（±4.7%）	6.7%	6.7	1.8

续表

分析物	缩写	基质效应	R^2	回收率±RSD（%，$n=6$）			日间 RSD	LOQs/（μg/kg）	LODs/（μg/kg）
				低	中	高			
萘啶酸	NA	1.8%	0.9994	78.9（±1.9%）	82.8（±0.8%）	78.0（±3.2%）	4.1%	0.4	0.2
二氟沙星	DIF	1.9%	0.9993	84.7（±1.8%）	86.5（±2.6%）	79.5（±3.8%）	4.3%	2.1	0.4
麻保沙星	MAR	2.6%	0.9993	71.0（±2.9%）	77.5（±2.3%）	68.9（±3.6%）	5.5%	3.7	0.8
洛美沙星	LOM	5.3%	0.9992	75.4（±2.2%）	77.6（±2.5%）	71.5（±3.5%）	5.7%	2.1	0.4
氟甲喹	FLU	3.8%	0.9991	71.9（±2.3%）	72.0（±2.8%）	70.1（±3.4%）	6.8%	0.9	0.3
培氟沙星	PEF	5.7%	0.9995	74.4（±2.7%）	77.8（±2.6%）	70.6（±4.7%）	6.8%	4.0	2.0
氟罗沙星	FLE	3.5%	0.9992	73.7（±1.6%）	80.7（±3.6%）	72.4（±3.4%）	5.5%	2.0	0.4
依诺沙星	ENO	9.7%	0.9995	65.1（±3.1%）	63.7（±1.5%）	64.3（±4.2%）	7.3%	10.3	3.8
西诺沙星	CIN	3.2%	0.9995	85.2（±1.5%）	86.3（±0.7%）	81.5（±3.3%）	4.3%	4.0	2.0
司帕沙星	SPA	0.6%	0.9995	78.3（±3.0%）	84.4（±2.3%）	78.6（±4.6%）	8.7%	2.1	0.4
莫西沙星	MXF	9.2%	0.9997	80.0（±2.0%）	79.9（±4.3%）	76.6（±2.2%）	6.8%	2.1	0.4
加替沙星	GAT	3.5%	0.9996	78.9（±2.1%）	83.4（±1.5%）	78.4（±3.9%）	8.5%	2.1	0.4
噁喹酸	OXA	1.7%	0.9999	82.3（±2.1%）	84.6（±0.5%）	81.0（±4.3%）	4.3%	1.6	0.5
大环内酯类（5）									
替米考星	TIL	3.5%	0.9996	94.9（±7.7%）	87.8（±7.5%）	85.3（±7.8%）	10.8%	5.9	2.0

续表

分析物	缩写	基质效应	R^2	回收率±RSD（%，n=6）			日间 RSD	LOQs/（μg/kg）	LODs/（μg/kg）
				低	中	高			
交沙霉素	JOS	-1.4%	0.9998	82.5（±1.4%）	90.0（±1.6%）	83.2（±2.6%）	5.2%	0.5	0.2
泰勒菌素	TYL	-0.8%	0.9997	78.4（±4.2%）	78.4（±2.0%）	71.7（±2.4%）	8.0%	3.8	2.0
柱晶白霉素	KIT	1.4%	0.9994	79.7（±2.9%）	83.4（±2.4%）	79.5（±1.9%）	6.8%	3.8	2.0
阿奇霉素	AZI	6.5%	0.9996	95.6（±0.2%）	86.1（±3.9%）	77.7（±5.5%）	7.7%	0.5	0.2
硝基咪唑类（3）									
洛硝哒唑	RON	2.4%	0.9999	83.6（±1.2%）	88.1（±3.4%）	83.5（±4.6%）	5.0%	4.0	2.0
甲硝唑	MET	0.1%	0.9995	82.5（±4.2%）	84.5（±4.1%）	79.4（±4.4%）	6.5%	5.6	1.2
二甲硝咪唑	DMZ	0.5%	0.9995	85.1（±2.8%）	83.1（±3.8%）	81.7（±4.9%）	4.3%	10.0	3.0
其他（5）									
甲砜氯霉素	TAP	6.5%	0.9996	83.0（±3.1%）	97.0（±2.2%）	84.6（±3.2%）	5.8%	6.9	1.8
氯霉素	CHL	-8.6%	0.9997	81.0（±3.1%）	93.1（±3.8%）	89.9（±1.3%）	6.8%	10.9	3.8
双氯青霉素	DIC	5.8%	0.9996	83.6（±2.2%）	88.6（±0.6%）	84.8（±4.4%）	6.1%	0.9	0.4
头孢噻呋	CEF	3.3%	0.9992	87.2（±1.9%）	90.9（±1.5%）	88.1（±4.2%）	4.8%	0.3	0.1
克林霉素	CLR	2.1%	0.9993	62.5（±2.8%）	65.7（±2.9%）	63.3（±3.2%）	5.0%	0.4	0.1

氧氟沙星（13.5%）和萘啶酸（13.5%），而令人震惊的是氧氟沙星的浓度高达 542.9 μg/kg，上述结果表明喹诺酮类药物在蛋鸡中严重滥用。此外，在个别样品中还发现了一种磺胺类（甲氧苄啶）、一种大环内酯类（阿奇霉素）和两种硝基咪唑（二甲硝唑、甲硝唑）。

表 4-7 鸡蛋样品中目标化合物的检测结果

目标物	缩写	样品/ （μg/kg）	MRLs/（μg/kg）		
			CN	EU	JP
磺胺类					
甲氧苄定	TMP	Egg3（123.6）、Egg14（d[a]）、Egg48（d）	F[b]	F	20
喹诺酮类					
恩诺沙星	ENR	Egg12（d）、Egg14（d）、Egg15（d）、Egg32（d）、Egg35（d）、Egg40（d）、Egg49（d）、Egg52（d）	F	F	—[c]
氧氟沙星	OFL	Egg3（547.1）、Egg4（d）、Egg26（d）、Egg32（d）、Egg42（d）	—	—	—
奥比沙星	ORB	Egg1（d）、Egg27（d）	—	—	—
诺氟沙星	NOR	Egg10（d）、Egg13（d）	—	—	—
萘啶酸	NA	Egg1（d）、Egg2（d）、Egg4（d）、Egg15（d）、Egg43（d）	—	—	—
氟甲喹	FLU	Egg1（d）	F	F	—
大环内酯类					
替米考星	TIL	Egg15（d）	F	—	—
硝基咪唑类					
甲硝唑	MET	Egg12（d）、Egg45（64.7）、Egg48（d）	F	—	—
二甲硝咪唑	DMZ	Egg11（63.9）	F	—	—

注　a：检测限以上且在定量限以下；

　　b：产蛋动物禁用；

　　c：MRL 未规定。

根据现行兽药使用规范，违禁药物的检出率高达总样本的 28.8%，包括甲氧苄啶、恩诺沙星、氟美喹、替米考星、甲硝唑、二甲硝唑等。此外，在 Egg3（甲氧苄啶 121.2 μg/kg）、Egg11（二甲硝咪唑，58.0 μg/kg）和 Egg45（甲硝唑，66.1 μg/kg）中分别检测到三种高残留禁用兽药。尽管尚未确定其他检测到的药物的最大残留限量，但有必要实施必要的监督以遏制其滥用现象的蔓延。

4.2.6　小结

本部分内容提出了一种基于硅烷化三聚氰胺海绵的改良 QuEChERS-UPLC-MS/MS 法，用于同时测定鸡蛋中 54 种兽药。首先，对提取条件进行优化，最终选择 20 mL 0.1% 乙酸-乙腈溶液和 5 mL 0.1 mM Na_2EDTA 水溶液作为提取溶剂，并使用 4.0 g Na_2SO_4 和 1.0 g NaCl 用于盐析。通过构建简便针筒净化装置，可以在几秒内方便地去除基质，无须额外的操作。在基质效应、特异性、线性、准确度、精密度、LOQs 和 LODs 等方面均适用性良好。其次，与商业吸附剂（C18、PSA 和 MFF）相比，硅烷化三聚氰胺海绵的净化性能能够媲美甚至优于上述净化材料。最后，分析了来自当地不同市场的 52 个鸡蛋样品。实验结果表明硅烷化三聚氰胺海绵拥有优异的基质净化效果。硅烷化三聚氰胺海绵在基质净化中的成功应用，不仅为常规检测提供了一种新颖高效的方法，也为弹性多孔材料在兽药多残留分析领域的进一步研究奠定了基础。

4.3　基于 r-GO 改性三聚氰胺海绵净化的羊肉中兽药多残留检测研究

畜牧业集约化养殖方式便于统一饲养管理，能够有效降低饲养成本。然而集约化养殖方式也存在一些问题，如一旦出现致病微生物感染牲畜的问题，疾病易在养殖动物中扩散传播，造成更大的经济损失。然而，过度预防和控制疾病导致的兽药滥用将会造成严重的药物残留，危及消费者身体健康。为此，不同的国家和国际组织，包括中国政府、美国食品药品监督管理局（FDA）、欧盟、加拿大卫生部，均对兽药规定了详细的最大残留限量（MRLs）或甚至严格禁用。

基于兽药分子特征，液质联用技术具有的高灵敏、高选择性和高通量特征逐渐使其发展成为兽药多残留监控的强大分析工具。然而，液质联用离子化过程中待测物信号容易受到干扰基质的影响。因此，开发适宜、高效的基质净化方法成为利用液质联用进行兽药多残留分析的关键前提。QuEChERS技术拥有快速、简便、高效等特点，一经提出便迅速用于各种食品中危害物的分析应用。QuEChERS技术常用的基质净化材料包括PSA、C18和GCB。其中，PSA主要用于去除脂肪酸、糖类、有机酸等；C18对高脂肪含量的基质环境拥有良好的净化效果；GCB对色素类干扰物拥有极佳的净化效果，但对目标药物也存在较强吸附，如含平面结构的喹诺酮类兽药等。此外，近年来不断发展提出使用替代型吸附剂以此进一步拓展QuEChERS技术的应用范围，如碳材料、磁性纳米复合材料和金属骨架材料等。然而，高效、便捷的基质吸附型净化技术依然极具挑战性，这也是当前兽药多残留分析领域的研究热点。

三聚氰胺海绵聚合物材料因其低成本、高孔隙率、高比表面积、强机械稳定性等优点以及海绵骨架表面丰富的吸附作用位点赋予其独特的基质吸附与净化潜力。此外氧化性石墨表面含有丰富的功能活性位点，如环氧基、羧基、羟基、芳烷基等，不仅可以作为功能单体用于修饰三聚氰胺海绵，与多种亲疏水性物质发生相互作用，拥有优异的净化效果。为了考察功能化三聚氰胺海绵作为基质净化材料在肉品净化过程中的适用性，选择脂肪和蛋白质含量较高的羊肉作为实验对象，并以氧化石墨烯作为功能单体用于三聚氰胺海绵改性。本部分研究建立了一种基于还原氧化石墨烯改性三聚氰胺海绵（reduced graphene oxide modified melamine sponge，rGO@MeS）改良QuEChERS-UPLC-MS/MS法，用于同时测定羊肉中兽药多残留。

4.3.1 液质联用分析方法的建立

色谱分离系统采用Agilent 1290 Infinity Ⅱ UPLC，色谱柱采用Agilent Eclipse Plus C18 RRHD（50 mm×2.1 mm×1.8 μm）。流动相A为含0.1%甲酸和5 mM乙酸铵甲醇—水溶液（V/V，2/98），流动相B为甲醇。流速为0.3 mL/min，进样量为2 μL，柱温为35 ℃，梯度洗脱程序见表4-8。

质谱使用电喷雾电离源（ESI），采用多重反应监测模式（MRM）ESI源参数设置如下：雾化气流速为3.0 L/min；干燥气流速为10.0 L/min；加热气流速为10.0 L/min；加热气温度为400 ℃，详细的药物MRM参数见表4-9。

数据处理软件采用 MultiQuant™ 3.0（AB SCIEX）。

表 4-8　流动相梯度洗脱程序

时间（min）	流动相 A（%）	流动相 B（%）
0	95	5
4	55	45
10	10	90
11	10	90
11.1	95	5
13.1	95	5

表 4-9　羊肉中 50 种兽药使用 UPLC-MS/MS 分析时的 MRM 参数

分析物	缩写	Rt（min）	定量离子对	DP（V）	CE（V）	定性离子对	DP（V）	CE（V）
磺胺类（24）								
磺胺胍	SA	1.4	215.0/156.2	101	18	215.0/108.2	94	28
磺胺嘧啶	SD	3.3	251.0/156.1	108	23	251.0/92.0	108	30
磺胺醋酰	SCM	0.6	215.0/156.2	100	20	215.0/108.2	102	29
磺胺噻唑	STA	3.4	256.1/156.2	100	20	256.1/108.1	76	30
磺胺吡啶	SPD	3.6	250.0/156.0	76	22	250.0/108.2	77	31
磺胺二甲基异噁唑	SSX	4.9	268.1/156.0	56	18	268.1/113.1	56	21
磺胺氯哒嗪	SCP	4.6	285.0/156.0	54	21	285.0/92.0	57	44
磺胺氯吡嗪	SPZ	5.6	285.0/108.1	59	40	285.0/92.0	57	44
氨苯砜	DAP	4.0	249.1/156.1	148	19	249.1/108.1	144	28
磺胺喹噁啉	SQZ	6.0	301.2/108.2	40	35	301.2/92.1	40	48
磺胺二甲氧嘧啶	SDM	5.8	311.1/156.1	72	25	311.1/108.1	78	36

续表

分析物	缩写	Rt（min）	定量离子对	DP（V）	CE（V）	定性离子对	DP（V）	CE（V）
磺胺甲基嘧啶	SM1	3.8	265.0/156.1	59	23	265.0/108.1	59	34
磺胺二甲氧嘧啶	SM2	3.3	279.2/186.1	69	23	279.2/124.1	89	30
磺胺甲噁唑	SMZ	4.8	254.0/156.1	49	22	254.0/108.1	49	31
甲氧苄定	TMP	3.9	291.1/230.1	68	31	291.1/123.2	64	31
磺胺邻二甲氧嘧啶	SDX	4.8	311.1/156.1	72	25	311.1/108.1	78	36
磺胺二甲基异嘧啶	SID	4.2	279.2/186.1	69	23	279.2/124.1	89	30
磺胺甲噻二唑	STZ	4.1	271.1/156.1	45	19	271.1/108.1	43	38
磺胺对甲氧嘧啶	SMT	4.2	281.1/156.1	45	23	281.1/92.1	55	38
磺胺苯酰	SBZ	5.2	277.2/156.2	31	15	277.2/92.0	29	39
磺胺苯吡唑	SPP	5.4	315.1/156.1	55	27	315.1/108.1	77	44
琥珀酰磺胺噻唑	SST	3.0	356.0/256.1	127	24	356.0/192.0	120	46
磺胺间甲氧嘧啶	SMM	4.3	281.1/156.1	45	23	281.1/108.0	55	34
磺胺甲氧哒嗪	SMP	4.9	281.1/156.1	45	23	281.1/92.1	55	38
喹诺酮类（17）								
环丙沙星	CIP	4.5	332.1/314.2	161	26	332.1/288.2	140	23
恩诺沙星	ENR	4.6	360.1/316.3	165	25	360.1/245.2	155	35
氧氟沙星	OFL	4.2	362.2/318.2	144	24	362.2/261.1	154	35
沙拉沙星	SAR	4.9	386.2/342.2	160	25	386.2/299.1	140	36
奥比沙星	ORB	4.7	396.2/352.2	145	24	396.2/295.1	170	31
诺氟沙星	NOR	4.3	320.2/302.1	160	30	320.2/276.2	70	23
萘啶酸	NA	7.2	233.2/187.1	89	33	233.2/215.2	89	20

续表

分析物	缩写	Rt（min）	定量离子对	DP（V）	CE（V）	定性离子对	DP（V）	CE（V）
二氟沙星	DIF	4.8	400.1/356.2	195	26	400.1/299.1	174	35
麻保沙星	MAR	4	363.2/72.2	136	25	363.2/345.1	206	28
洛美沙星	LOM	4.6	352.1/265.2	188	31	352.1/308.1	188	23
氟甲喹	FLU	7.4	262.1/244.1	60	23	262.1/202.2	43	43
培氟沙星	PEF	4.2	334.1/316.0	165	26	334.1/290.2	157	25
氟罗沙星	FLE	4.1	370.1/326.2	165	25	370.1/269.1	166	36
依诺沙星	ENO	4.3	321.0/303.2	175	27	321.0/234.1	123	30
西诺沙星	CIN	5.9	263.1/188.9	30	37	263.1/217.3	30	30
司帕沙星	SPA	5.3	393.2/349.1	171	22	393.2/292.1	177	38
噁喹酸	OXA	6.2	262.1/244.1	60	23	262.1/216.1	64	39
大环内酯类（6）								
替米考星	TIL	6.5	869.5/174.2	20	57	869.5/696.5	17	57
交沙霉素	JOS	8.4	828.5/174.2	7	57	828.5/229.0	21	40
红霉素	ERY	6.4	734.4/158.2	26	37	734.4/576.4	24	27
泰勒菌素	TYL	7.6	916.6/174.0	8	47	916.6/772.4	9	42
柱晶白霉素	KIT	7.7	772.5/174.1	9	39	772.5/109.2	18	39
阿奇霉素	AZI	4.8	749.6/158.2	112	37	749.6/591.4	112	39
硝基咪唑类（3）								
洛硝哒唑	RON	1.7	201.1/140.2	46	16	201.1/55.0	48	27
甲硝唑	MET	3.4	172.0/128.2	91	18	172.0/82.1	72	32
二甲硝咪唑	DMZ	3.8	142.1/96.0	84	22	142.1/81.1	72	33

4.3.2　还原氧化石墨烯改性三聚氰胺海绵的制备与表征

还原氧化石墨烯改性三聚氰胺海绵（rGO@MeS）采用水热法一步制备。首先，将三聚氰胺海绵浸入含有抗坏血酸（50 mg/mL）和氧化石墨烯（0.5 mg/mL）的混合溶液中，随即置于烘箱中，95℃条件下水热反应 3 h。然后，依次使用水和乙醇清洗数次，低温干燥 24 h。分别采用傅里叶变换红外光谱（Vertex 70 FTIR，Bruker）、X 射线光电子能谱仪（ESCALAB Xi+，Thermo Scientific）和扫描电子显微镜（SEM，JEOL JSM-7001F）对 rGO@MeS 进行结构表征。

通过扫描电子显微镜（SEM）观察 rGO@MeS 的微观形貌，如图 4-21（a~c）所示，与原始海绵相比，rGO@MeS 的表面微观形貌发生了明显的变化。在海绵骨架中发现了两种存在形态的石墨烯：其一，石墨烯以"面对面"的形式平铺于海绵骨架表面 [图 4-21（b）]；其二，单层石墨烯相互堆叠形成较大的石墨烯片 [图 4-21（c）]，覆盖于海绵骨架间隙。图 4-21（d）为氧化石墨烯、三聚氰胺海绵和石墨烯改性三聚氰胺海绵的傅里叶红外光谱图。图中可以清楚地看出，三聚氰胺海绵的特征峰位于 3400 cm^{-1}、2933 cm^{-1} 和 1151 cm^{-1}处，这分别归属于 N—H、C—H 和 C—N 的伸缩振动。此外，在 1556 cm^{-1}处发现属于三嗪环的氮杂原子环状共轭 C＝N 伸缩振动吸收峰。从图 4-21（d）的 FTIR 结果可以看出，与 GO 相比，rGO@MeS 的 GO 中 C＝O 在 1743 cm^{-1}处的吸收强度和在 1054 cm^{-1}处 C—O 的吸收强度明显降低甚至消失，表明氧化石墨烯 C—O—C 键被还原，其原因可能是 GO 的环氧基与三聚氰胺的氨基发生 S_N2 亲核取代反应。图 4-21（e）所示的三聚氰胺海绵、氧化石墨烯和还原氧化石墨烯改性海绵的 XPS 光谱图。XPS 光谱显示三聚氰胺海绵主要含有 C、N、Na、O 4 种元素，经氧化石墨烯改性后 C1s、O1s 和 N1s 峰的相对强度显著变化。相比于原始海绵，rGO@MeS 的 C1s 和 O1s 峰的相对强度明显提高，而 N1s 和 Na1s 峰的相对强度明显下降甚至消失，C/O 比从 5.23 下降到 4.36，表明石墨烯成功键合于海绵骨架表面。

4.3.3　羊肉中兽药多残留提取条件的优化

适宜的提取条件是利用 LC-MS/MS 实现兽药多残留高灵敏分析的重要前提。因此，实验设计了 4 种不同的提取条件来研究脱水剂和 Na_2EDTA 对提取效率的影响：①提取溶剂（20 mL ACN 和 2 mL 0.5mM Na_2EDTA 水溶液）和

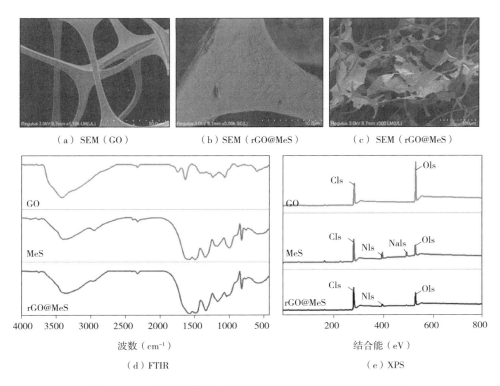

（a）SEM（GO）　　　（b）SEM（rGO@MeS）　　　（c）SEM（rGO@MeS）

波数（cm⁻¹）　　　　　　　　　　　　　结合能（eV）

（d）FTIR　　　　　　　　　　　　　　　（e）XPS

图 4-21　三聚氰胺海绵、氧化石墨烯和还原氧化石墨烯改性
海绵的 SEM 图（a~c），FTIR 图（d）和 XPS 图（e）

脱水盐（4.0 g Na₂SO₄ 和 1.0 g NaCl）；②提取溶剂（20 mL ACN 和 2 mL H₂
O）和脱水盐（4.0 g Na₂SO₄ 和 1.0 g NaCl）；③提取溶剂（20 mL ACN 和
2 mL 0.5mM Na₂EDTA 水溶液）和脱水盐（4.0 g MgSO₄ 和 1.0 g NaCl）；④提
取溶剂（20mL ACN 和 2 mL H₂O）和脱水盐（4.0 g MgSO₄ 和 1.0 g NaCl）。

　　对比不同提取条件下药物的回收率发现：除喹诺酮类药物外，大多数兽
药在这 4 种提取条件下的回收率没有显著差异（图 4-22）。图 4-23 中显示的
是喹诺酮类兽药在不同提取条件下的回收率结果。其中提取条件③和条件④
获得的喹诺酮类兽药回收率远低于条件①和条件②，这可能是由于喹诺酮类
兽药与镁、钙、铁和其他金属离子形成螯合物，导致这些药物的提取效率相
对较低。同时，提取条件①和条件②回收率没有显著差异，因此实验选用条
件②用于后续提取条件的优化。

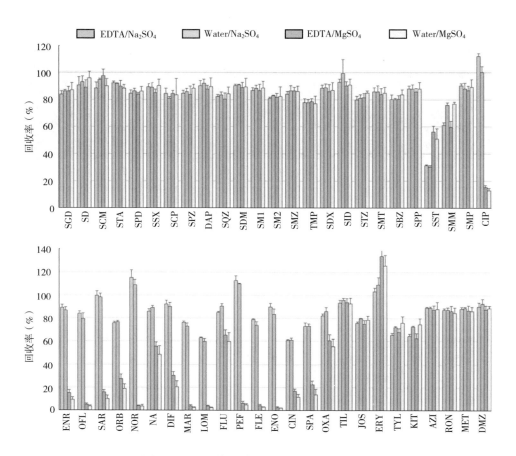

图 4-22　不同提取条件对兽药回收率的影响

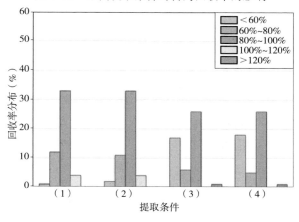

图 4-23　不同提取条件对兽药回收率分布的影响

　　配制不同乙酸含量（0、0.5%、1.0%、3.0%、5.0%）的乙腈作为提取溶剂用以研究酸度对药物回收的影响。如图 4-24 所示，乙酸含量为 0.5%时，药物回收率达到较高水平，当乙酸含量持续增加至 5.0%时，药物回收率总体分布向低回收率方向移动。考虑到整体药物提取回收效果，选择乙酸含量为含 0.5%的乙腈作为提取溶剂。

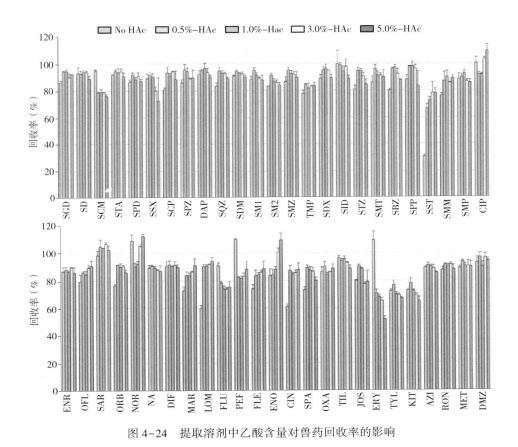

图 4-24　提取溶剂中乙酸含量对兽药回收率的影响

4.3.4　羊肉兽药多残留基质净化条件的优化

　　使用 3 种不同浓度的氧化石墨烯（0.5 mg/mL、1.0 mg/mL、1.5 mg/mL）改性三聚氰胺海绵，考察不同浓度石墨烯改性三聚氰胺海绵的基质吸附性能和脱色效果。从图 4-25（a）中可以看出，不同浓度石墨烯改性的三聚氰胺海绵的基质去除率并无明显差异。此外，比较原始海绵与改性海绵净化液颜色，发现：rGO@MeS 净化液澄清透明 [图 4-25 (b)]。为了进一步验证和比较上述材料的基质净化效果，考察了不同改性海绵对兽药回收率及其分布的影响。如图 4-26 所示，经石墨烯改性三聚氰胺海绵净化后获得的兽药回收率大部分在 60%~120% 的范围内，而不同浓度石墨改性三聚氰胺海绵获得的药物回收率分布及对粗提液的脱色效果没有明显差异。因此，在考虑实验回收率、基质去除效果以及材料合成成本的情况下，选择 rGO@MeS (0.5 mg/mL) 作为基质净化材料。

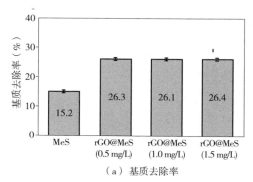

（a）基质去除率

（b）脱色效果

图 4-25　不同浓度石墨烯改性三聚氰胺海绵的基质去除率及脱色效果

为了考察 rGO@MeS 料液比对净化效率的影响，固定海绵用量（1 cm³）用于净化不同体积的粗提液（0.6 mL、0.8 mL、1.0 mL、1.5 mL 和 2.0 mL）。如图 4-27 (a) 所示，粗提液用量由 0.6 mL 增加至 1.0 mL（固定海绵用量为 1 cm³）时基质去除率呈现降低趋势，但无较大差异；当萃取液体积继续增加时，基质去除率出现了明显的降低。如图 4-27 (b) 所示，不同条件下药物

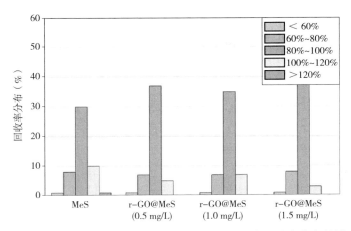

图4-26 不同浓度石墨烯改性三聚氰胺海绵对兽药回收率分布的影响

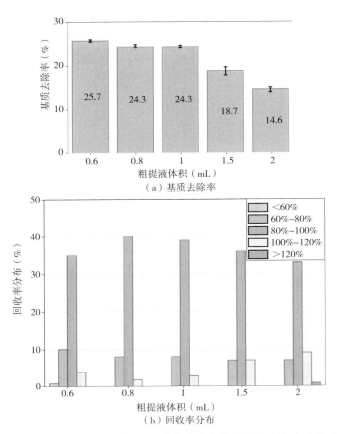

图4-27 不同料液比对样品基质去除率和兽药回收率分布的影响

回收率随着粗提液体积的增加，相应回收率处于 60%~120% 外的化合物数量增加，其中粗提液体积为 0.8 mL 和 1.0 mL 时获得的药物回收率均处于 60%~120% 的预想范围内。为了保证净化液的回收量，提取液的体积选择为 1.0 mL 用于后续研究。

鉴于三聚氰胺海绵良好的机械性能和弹性，可采用动态和静态两种净化模式。因此，实验从吸附次数（1、3 和 5）和静置时间（1 min、3 min 和 5 min）两方面考察不同净化模式下改性海绵的净化效果。如图 4-28 所示，动态净化模式下获得的药物整体回收率并无明显差异，且所有药物回收率均处于 60%~120% 的可接受范围内；静态模式下部分化合物（如 CIP、NOR、NA、ENO、LOM、FLU、PEF、CIN、SPA、ERY、TYL）随着静置时间延长，

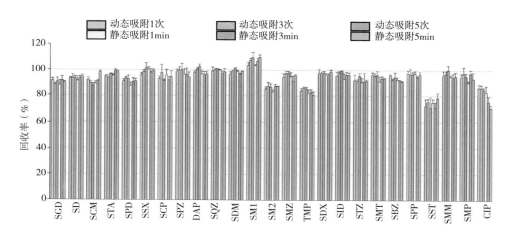

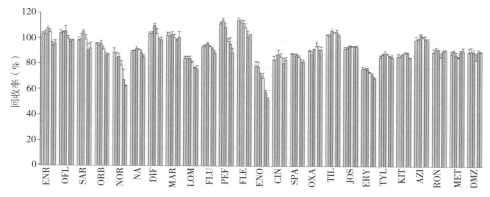

图 4-28　不同净化模式下吸附次数和吸附时间对兽药回收率的影响

兽药的回收率出现下降趋势，并且当静态净化时间延长至 5 min 时，ENO 的回收率降至 55.7%。因此，鉴于动态净化模式在基质净化效果上的明显优势，且兽药回收率在 3 种动态净化模式下并无明显差异，因此采用动态吸附 1 次作为最优条件。

4.3.5　与其他吸附剂净化效果的比较

使用 C18（25 mg/mL）、PSA（25 mg/mL）、GCB（3.75 mg/mL）、rGO@MeS 和 QuEChERS Dispersive Kit 5982-0028 CN（QDK5982-0028 CN）对羊肉样品进行预处理，比较不同净化材料获得的药物回收率和基质吸附性能。如图 4-29 所示，商业 d-SPE 吸附剂 C18 或 PSA 作为净化材料时，大多数兽药

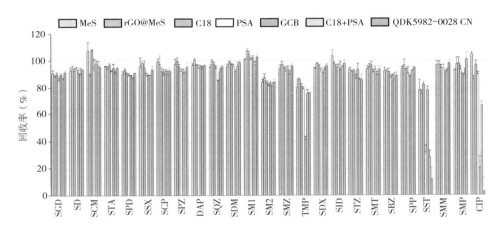

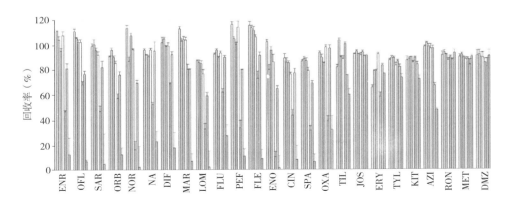

图 4-29　不同净化材对羊肉中兽药回收率的影响

回收率处于 60%~120% 范围内。其中，PSA 作为净化材料时，处于 60%~120% 外的药物有 SST（32.2%）；混合使用 C18 和 PSA 两类净化材料时，处于 60%~120% 外的药物有 SST（28.4%）、LOM（59.4%）。当使用 GCB 对羊肉样品进行预处理时，除 OFL（68.6%）、DIF（69.2%）、MAR（80.6%）、FLU（62.5%）、FLE（73.3%）外，大部分喹诺酮类药物回收率均低于 60%。当使用商业 QuEChERS 试剂盒 QDK5982-0028 CN 进行预处理时，喹诺酮类药物回收率均不高于 32.3%。喹诺酮类药物回收率明显降低可能与 GCB 的吸附和 QDK5982-0028 CN 中存在镁离子的有关。此外，如图 4-30 所示，GCB 拥有最高的基质去除率（45.5%）；C18（29.3%）和 rGO@ MeS（26.3%）拥有近似的基质去除率，而 rGO@ MeS 的脱色效果明显优于 C18。综合比较而言，氧化石墨烯改性的三聚氰胺海绵拥有优异的基质净化结果，且所有药物回收率均在 63.7%~109.5% 的可接受范围内，显现出其在药物多类残留分析领域的良好应用前景。

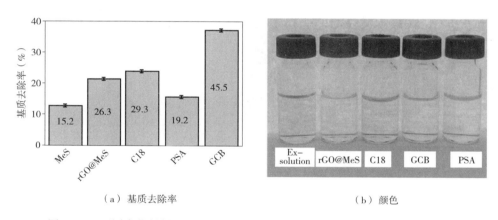

（a）基质去除率　　　　　　　　　（b）颜色

图 4-30　不同净化材料（d-SPE 吸附剂 C18，PSA，GCB，QDK5982-0028 CN
　　　　　和 rGO@ MeS）净化后羊肉基质去除率和颜色

4.3.6　方法学验证

使用 LC-MS/MS 法分析羊肉中多残留兽药时，样品提取液中存在的干扰基质（如蛋白质、脂肪、磷脂等）会影响目标兽药分子的离子化效率，而导致分析物 MS 信号增强或者被抑制。这种 MS 信号增强或者被抑制的现象被称为基质效应，采用公式（4-1）计算基质效应。如表 4-10 所示，用还原氧化

表 4-10　羊肉中 50 种兽药的基质效应、回收率、精密度、LODs 和 LOQs

分析物	缩写	基质效应	R^2	回收率±RSD（%，$n=6$）			日间 RSD	LODs（μg/kg）	LOQs（μg/kg）
				低	中	高			
磺胺类（24）									
磺胺胍	SGD	0.2%	0.9993	98.2（±5.4%）	92.6（±3.7%）	94.3（±3.4%）	1.5%	2.0	4.0
磺胺嘧啶	SD	−2.1%	0.9997	95.7（±2.2%）	96.8（±1.1%）	97.7（±2.3%）	0.8%	0.4	1.0
磺胺醋酰	SCM	−1.5%	0.9991	86.6（±5.9%）	92.9（±2.9%）	107.7（±2.3%）	1.8%	0.4	1.0
磺胺吡啶	STA	1.0%	0.9998	92.2（±2.2%）	98.8（±1.7%）	98.4（±3.4%）	1.5%	1.0	2.0
磺胺吡啶	SPD	−0.5%	0.9994	92.7（±0.3%）	95.4（±4.3%）	93.2（±2.7%）	1.5%	0.2	0.4
磺胺二甲基异噁唑	SSX	−3.4%	0.9995	92.2（±6.3%）	95.7（±1.4%）	96.3（±1.5%）	3.8%	2.0	4.0
磺胺氯哒嗪	SCP	−5.6%	0.999	99.8（±2.4%）	93.5（±2.8%）	97.9（±5.0%）	5.0%	1.0	2.0
磺胺氯吡嗪	SPZ	5.2%	0.9999	100.6（±6.3%）	96.4（±2.9%）	96.6（±4.4%）	2.0%	0.4	1.0
氨苯砜	DAP	−0.4%	0.9998	96.6（±5.2%）	99.1（±0.9%）	97.8（±4.0%）	1.7%	0.1	0.2
磺胺喹噁啉	SQZ	0.7%	0.9998	103.4（±2.2%）	101.2（±0.7%）	103.6（±0.7%）	1.0%	1.0	2.0
磺胺二甲氧嘧啶	SDM	−0.7%	0.9998	95.8（±0.7%）	99.8（±1.5%）	102.1（±2.9%）	0.8%	0.2	0.4
磺胺甲基嘧啶	SM1	1.0%	0.9998	94.7（±5.2%）	96.5（±1.1%）	95.1（±3.5%）	1.7%	0.4	1.0
磺胺二甲氧嘧啶	SM2	−4.1%	0.9999	83.4（±2.4%）	88.6（±0.8%）	87.3（±1.0%）	1.4%	0.2	0.4

续表

分析物	缩写	基质效应	R^2	回收率±RSD（%，$n=6$）			日间 RSD	LODs（μg/kg）	LOQs（μg/kg）
				低	中	高			
磺胺甲噁唑	SMZ	-2.1%	0.9998	94.1（±3.3%）	101.4（±3.2%）	100.4（±3.0%）	4.9%	1.0	2.0
甲氧苄定	TMP	-4.7%	0.9991	84.0（±4.5%）	85.5（±1.1%）	86.3（±3.7%）	1.5%	0.2	0.4
磺胺邻二甲氧嘧啶	SDX	-1.9%	0.9991	95.7（±0.9%）	102.5（±1.4%）	100.9（±5.3%）	0.9%	0.1	0.2
磺胺二甲基异噁啶	SID	2.4%	0.9991	99.6（±4.6%）	103.6（±1.2%）	98.5（±3.8%）	2.4%	0.2	0.4
磺胺甲噻二唑	STZ	-0.3%	0.9996	99.6（±3.2%）	93.8（±2.2%）	91.7（±2.4%）	2.6%	1.0	2.0
磺胺对甲氧嘧啶	SMT	3.6%	0.9996	95.0（±5.0%）	102.5（±1.3%）	98.1（±3.8%）	1.9%	0.4	1.0
磺胺苯酰	SBZ	-4.0%	0.9992	94.4（±0.9%）	101.5（±1.5%）	102.5（±4.6%）	4.9%	0.4	1.0
磺胺苯吡唑	SPP	-3.8%	0.9997	92.4（±3.6%）	101.8（±5.5%）	101.6（±1.5%）	1.9%	0.4	1.0
琥珀酰磺胺噻唑	SST	1.0%	0.9998	69.6（±7.2%）	63.7（±3.9%）	71.6（±6.0%）	10.2%	2.0	5.0
磺胺间甲氧嘧啶	SMM	-1.8%	0.9996	89.3（±5.1%）	96.9（±1.8%）	96.3（±1.6%）	5.4%	1.0	2.0
磺胺甲氧哒嗪	SMP	0.2%	0.9997	93.3（±2.6%）	96.8（±0.2%）	96.3（±1.8%）	1.6%	0.4	1.0
喹诺酮类（17）									
环丙沙星	CIP	6.4%	0.9995	81.9（±4.6%）	77.8（±3.3%）	78.7（±2.7%）	2.7%	1.0	2.0
恩诺沙星	ENR	1.9%	0.9999	90.1（±4.0%）	92.3（±1.0%）	92.2（±2.0%）	2.4%	0.2	0.4

续表

分析物	缩写	基质效应	R^2	回收率±RSD（%，n=6）			日间 RSD	LODs（μg/kg）	LOQs（μg/kg）
				低	中	高			
氧氟沙星	OFL	5.4%	0.9999	93.7（±5.3%）	92.5（±1.6%）	91.5（±3.4%）	1.0%	0.02	0.05
沙拉沙星	SAR	5.0%	0.9999	97.1（±6.0%）	96.2（±1.7%）	94.8（±3.7%）	3.0%	0.2	0.4
奥比沙星	ORB	-1.0%	0.9998	86.2（±1.4%）	87.9（±0.6%）	87.0（±1.9%）	2.4%	0.1	0.2
诺氟沙星	NOR	3.2%	0.9998	76.2（±4.6%）	72.0（±0.9%）	78.7（±0.4%）	1.7%	1.0	2.0
萘啶酸	NA	-3.6%	0.9998	89.5（±0.8%）	95.3（±0.5%）	97.0（±2.8%）	0.9%	0.2	0.4
二氟沙星	DIF	-1.3%	0.9996	97.0（±3.4%）	96.0（±1.5%）	96.0（±1.8%）	1.8%	0.04	0.1
麻保沙星	MAR	3.7%	0.9997	89.1（±2.2%）	85.0（±5.6%）	88.3（±3.2%）	2.2%	0.2	0.4
洛美沙星	LOM	3.3%	0.9996	86.8（±0.1%）	79.7（±0.8%）	82.3（±2.1%）	2.0%	1.0	2.0
氟甲喹	FLU	-8.6%	0.9995	86.7（±1.8%）	91.5（±1.1%）	92.1（±2.2%）	1.8%	0.1	0.2
培氟沙星	PEF	8.8%	0.9992	87.3（±1.1%）	83.9（±3.4%）	86.4（±3.7%）	2.4%	1.0	2.0
氟罗沙星	FLE	5.8%	0.9997	90.1（±3.9%）	90.3（±3.6%）	90.2（±3.6%）	5.6%	0.4	1.0
依诺沙星	ENO	9.7%	0.9995	71.2（±5.9%）	64.6（±3.0%）	72.6（±0.1%）	3.6%	1.0	2.0
西诺沙星	CIN	-0.5%	0.9995	82.6（±2.3%）	88.6（±0.8%）	91.6（±2.5%）	3.7%	0.4	1.0
司帕沙星	SPA	2.5%	0.9998	88.9（±3.1%）	92.2（±1.3%）	93.0（±0.9%）	2.7%	0.2	0.4

续表

分析物	缩写	基质效应	R^2	回收率±RSD (%, $n=6$)			日间 RSD	LODs (μg/kg)	LOQs (μg/kg)
				低	中	高			
恶喹酸	OXA	-0.5%	0.9998	91.1 (±2.2%)	95.5 (±0.9%)	95.5 (±3.9%)	4.5%	0.02	0.05
大环内酯类 (6)									
替米考星	TIL	-2.6%	0.9998	87.5 (±0.7%)	96.0 (±3.4%)	99.0 (±2.1%)	2.3%	0.4	1.0
交沙霉素	JOS	2.7%	0.9998	88.7 (±2.6%)	95.9 (±0.7%)	99.7 (±2.2%)	3.9%	0.02	0.05
红霉素	ERY	-0.5%	0.9993	79.4 (±8.1%)	80.3 (±4.2%)	80.3 (±5.0%)	5.9%	0.2	0.4
泰勒菌素	TYL	5.0%	0.9998	75.7 (±6.2%)	79.8 (±1.3%)	83.9 (±3.7%)	4.3%	0.4	1.0
柱晶白霉素	KIT	1.0%	0.9996	78.1 (±5.7%)	81.8 (±2.3%)	85.7 (±1.6%)	4.3%	0.4	1.0
阿奇霉素	AZI	-1.3%	0.9997	85.8 (±3.6%)	90.8 (±0.7%)	92.9 (±2.1%)	1.4%	0.4	1.0
硝基咪唑类 (3)									
洛硝哒唑	RON	-2.0%	0.9997	98.6 (±3.3%)	99.3 (±1.6%)	96.6 (±1.7%)	2.0%	1.0	2.0
甲硝唑	MET	-0.6%	0.9998	101.2 (±4.8%)	94.6 (±2.7%)	92.5 (±2.9%)	2.6%	0.4	1.0
二甲硝咪唑	DMZ	-4.2%	0.9994	100.3 (±6.2%)	96.3 (±3.9%)	91.3 (±1.3%)	7.2%	2.0	4.0

石墨烯改性三聚氰胺海绵净化后，未观察到明显的基质抑制（<-20%）或增强（>+20%）效应，表明改性海绵在羊肉兽药多残留分析中拥有较高净化效率。值得注意的是，所有检测兽药的 ME 值均在±10%以内，上述研究结果表明改性三聚氰胺海绵可有效降低样品基质效应的影响。尽管如此，测试本研究仍采用基质匹配曲线法以获得更加准确的测试结果。

为考察该方法的选择性，实验将开发的改良 QuEChERS 法直接用于分析阴性对照样品。如图 4-31 所示，在监测时间窗内未发现存在基质干扰峰，表明方法具有较高的选择性。通过构建 50 种兽药的基质加标校准曲线来评估所开发方法的线性（线性浓度范围为 2~500 μg/kg）。总体而言，所有兽药线性良好，基质匹配校正曲线的相关系数（R^2）均高于 0.999，并根据信噪比（S/N）≥3 和（S/N）≥10 分别计算 LODs 和 LOQs。结果表明，基于还原氧化石墨烯改性三聚氰胺海绵的改良 QUEChERS-UPLC-MS/MS 法的 LODs 与 LOQs 分别为 0.02~2.0 μg/kg 和 0.05~5.0 μg/kg。采用加标回收实验评估该方法的准确度和精密度，所有回收率试验重复六次，并在 3 个加标水平下（50 μg/kg、100 μg/kg、200 μg/kg）计算阴性对照样品的加标回收率。结果

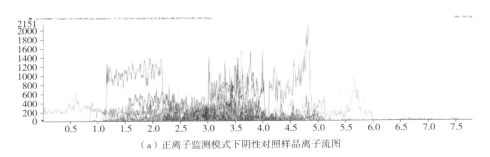

（a）正离子监测模式下阴性对照样品离子流图

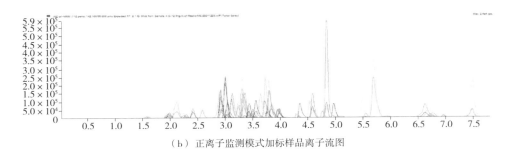

（b）正离子监测模式加标样品离子流图

图 4-31 50 种兽药空白样品和加标样品的离子流图

显示，所有兽药回收率均在 63.7%～109.5% 的范围内，表现出良好的方法准确度。根据 3 种加标水平下药物的回收率计算日内精密度，并根据连续 3 天内重复实验获得的药物回收率计算日间精密度。如表 4-10 所示，日内和日间精密度的 RSD 分别小于 8.1% 和 10.2%，表明所开发方法具有良好的精密度。

4.3.7　实际样品分析

从本地市场购买了 56 份羊肉样本，并采用所开发的方法进行分析。根据实验结果（图 4-32），仅在一个羊肉样品中发现微量的磺胺二甲氧嘧啶（SDM），残留浓度为 2.6 μg/kg，低于国家残留限量值。

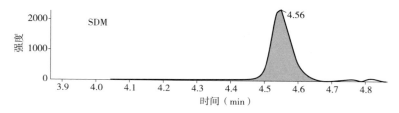

图 4-32　阳性分析样品的 MRM 色谱图

4.3.8　小结

本部分研究提出了一种基于还原氧化石墨烯改性三聚氰胺海绵的改良 QuEChERS-UPLC-MS/MS 法，用于测定羊肉中的 50 种兽药多残留。首先，对提取和净化条件进行优化，最终选择 20 mL 0.5% 乙酸-乙腈溶液和 2 mL 超纯水作为提取溶剂，并用 4.0 g Na$_2$SO$_4$ 和 1.0 g NaCl 用于盐析，采用动态模式净化 1 次。其次，与商业 d-SPE 吸附剂 C18、PSA、GCB 和商业 QuEChERS 试剂盒 QDK5982-0028 CN 相比，rGO@ MeS 具有同等甚至更有的基质净化效果。方法学考察结果显示 rGO@ MeS 在基质效应、特异性、线性、准确度、精密度、LOQs 和 LODs 等方面均能够满足羊肉中兽药多残留监测需求。最后分析了来自当地不同市场的 56 份羊肉样品，仅在一个样本中发现残留有微量的磺胺二甲氧嘧啶（SDM，2.6 μg/kg）。还原氧化石墨烯改性三聚氰胺海绵在羊肉基质净化中的成功应用，进一步指出弹性多孔材料在食品化学危害物多残留净化领域具有良好开发前景。

参考文献

[1] DU J, LIU K, LIU J L, et al. A novel lateral flow immunoassay strip based on Label-free magnetic Fe_3O_4@UiO-66-NH_2 nanocomposite for rapid detection of *Listeria monocytogenes* [J]. Analytical Methods, 2022, 14 (24): 2423-2430.

[2] DU J, LIU K, LIU J L, et al. Development of a novel lateral flow immunoassay based on Fe_3O_4@MIL-100 (Fe) for visual detection of *Listeria monocytogene* [J]. Journal of Food Measurement and Characterization, 2023, 17, 3482-3492.

[3] DU J, HINA S, DONG W J, et al. Colorimetric detection of *Listeria monocytogenes* using one-pot biosynthesized flower-shaped gold nanoparticles [J]. Sensors and Actuators B: Chemical, 2018, 7 (265): 285-292.

[4] 钟丽琪, 郭亚辉, 曹进, 等. 食源性致病菌检测技术的研究概述 [J]. 食品安全质量检测学报, 2020, 11 (13): 4387-4393.

[5] ZHANG Z G, ZHOU J, DU X, et al. Electrochemical biosensors for detection of foodborne pathogens [J]. Micromachines, 2019, 10 (4): 222.

[6] DU J, WU S J, HU Z Y, et al. Green synthesis of salt-tolerant gold nanoparticles for the rapid qualitative detection of *Listeria monocytogenes* in lateral flow immunoassay [J]. Journal of Materials Science, 2020, 55 (32): 15426-15438.

[7] ZHONG Y H, CHEN Y J, YAO L, et al. Gold nanoparticles based lateral flow immunoassay with largely amplified sensitivity for rapid melamine screening [J]. Microchimica Acta, 2016, 183 (6): 1989-1994.

[8] ANFOSSI L, DI N F, RUSSO A, et al. Silver and gold nanoparticles as multi-chromatic lateral flow assay probes for the detection of food allergens [J]. Analytical and Bioanalytical Chemistry, 2019, 411 (9): 1905-1913.

[9] WANG Y, DENG R G, ZHANG G P, et al. Rapid and sensitive detection of the food allergen glycinin in powdered milk using a lateral flow colloidal gold immunoassay strip test [J]. Journal of Agricultural and Food Chemistry, 2015, 63 (8): 2172-2178.

[10] WU S J, DU J, XIANG Q Y, et al. Solvothermal synthesis of α-Fe_2O_3 polyhedrons and its application in an immunochromatographic strip test for the detection of foodborne pathogen *Listeria monocytogenes* [J]. Nanotechnology, 2020, 32 (8): 085502.

[11] SHARMA R, VERMA A, SHINDE N. Adulteration of cow's milk with buffalo's milk de-

tected by an on-site carbon nanoparticles-based lateral flow immunoassay [J]. Food Chemistry, 2021, 351: 129311.

[12] WANG W B, LIU L Q, SONG S S, et al. Identification and quantification of eight *Listeria monocytogene* serotypes from *Listeria* spp. using a gold nanoparticle-based lateral flow assay [J]. Microchimica Acta, 2017, 184 (3): 715-724.

[13] TRPKOV D, PANJAN M, KOPANJA L, et al. Hydrothermal synthesis, morphology, magnetic properties and self-assembly of hierarchical α-Fe$_2$O$_3$ (hematite) mushroom-, cube- and sphere-like superstructures [J]. Applied Surface Science, 2018, 457: 427-438.

[14] DU J, LIU J L, LIU K, et al. Development of a fluorescent test strip sensor based on surface positively charged magnetic beads separation for the detection of *Listeria monocytogenes* [J]. Analytical Methods, 2022, 14 (22): 2188-2194.

[15] ZHAN Z X, LIU J, YAN L N, et al. Sensitive fluorescent detection of *Listeria monocytogenes* by combining a universal asymmetric polymerase chain reaction with rolling circle amplification [J]. Journal of Pharmaceutical and Biomedical Analysis, 2019, 169: 181-187.

[16] HOSSEIN-NEJAD-ARIANI H, KIM T, KAUR K. Peptide-based biosensor utilizing fluorescent gold nanoclusters for detection of *Listeria monocytogenes* [J]. Acs Applied Nano Materials, 2019, 1 (7): 3389-3397.

[17] LI Q R, ZHANG S, CAI Y X, et al. Rapid detection of *Listeria monocytogenes* using fluorescence immunochromatographic assay combined with immunomagnetic separation technique [J]. International Journal of Food Science and Technology, 2017, 52 (7): 1559-1566.

[18] COSSETTINI A, VIDIC J, MAIFRENI M, et al. Rapid detection of *Listeria monocytogenes*, *Salmonella*, *Campylobacter* spp., and *Escherichia coli* in food using biosensors [J]. Food Control, 2022, 137: 108962.

[19] YOU S M, JEONG K B, LUO K, et al. Paper-based colorimetric detection of pathogenic bacteria in food through magnetic separation and enzyme-mediated signal amplification on paper disc [J]. AnalyticaChimica Acta, 2021, 1151: 338252.

[20] MAGLIULO M, SIMONI P, GUARDIGLI M, et al. A Rapid Multiplexed Chemiluminescent Immunoassay for the Detection of *Escherichia coli* O157: H7, *Yersinia enterocolitica*, *Salmonella typhimurium*, and *Listeria monocytogenes* Pathogen Bacteria [J]. Journal of Agricultural and Food Chemistry, 2007, 55 (13): 4933-4939.

[21] DU J, CHEN X, LIU K, et al. Dual recognition and highly sensitive detection of *Listeria monocytogenes* in food by fluorescence enhancement effect based on Fe$_3$O$_4$ @ ZIF-8-aptamer [J]. Sensors & Actuators: B. Chemical, 2022, 360: 131654.

[22] ZHANG C, WANG X, HOU M, et al. Immobilization on Metal-Organic Framework Engen-

ders High Sensitivity for Enzymatic Electrochemical Detection ［J］. ACS Applied Materials and Interfaces, 2017, 9 (16): 13831-13836.

［23］ ALHOGAIL S, SUAIFAN G A, ZOUROB M. Rapid colorimetric sensing platform for the detection of *Listeria monocytogenes* foodborne pathogen ［J］. Biosens Bioelectron, 2016, 86: 1061-1066.

［24］ 杜娟, 陈鑫, 刘楷, 等. 基于磁性金属有机框架分离的纳米金比色法检测单增李斯特 ［J］. 食品科学, 2023, 44 (6): 360-367.

［25］ WANG Z L, CAI R, GAO Z P, et, al. Immunomagnetic separation: An effective pretreatment technology for isolation and enrichment in food microorganisms detection ［J］. Comprehensive Reviews in Food Science and Food Safety, 2020, 19 (6): 3802-3824.

［26］ GUO YY, ZHAO C, LIU Y S, et al. A novel fluorescence method for the rapid and effective detection of *Listeria monocytogenes* using aptamer-conjugated magnetic nanoparticles and aggregation-induced emission dots ［J］. Analyst, 2020, 145 (11): 3857-3863.

［27］ ZHAO Y, LI Y X, JIANG K, et al. Rapid detection of *Listeria monocytogenes* in food by biofunctionalized magnetic nanoparticle based on nuclear magnetic resonance ［J］. Food Control, 2017, 71: 110-116.

［28］ DU J, WU S J, NIU L Y, et al. A gold nanoparticles-assisted multiplex PCR assay for simultaneous detection of *Salmonella typhimurium*, *Listeria monocytogenes* and *Escherichia coli* O157: H7 ［J］. Analytical Methods, 2020, 12 (2): 12-217.

［29］ WEI S, RAMACHANDRAN C, BYUNG-JAE P, et al. Development of a multiplex real-time PCR for simultaneous detection of *Bacillus cereus*, *Listeria monocytogenes*, and *Staphylococcus aureusin* in food samples ［J］. Journal of Food Safety, 2018, 39 (1): e12558.

［30］ ALZWGHAIBI A B, YAHYARAEYAT R, FASAEI B N, et al. Rapid molecular identification and differentiation of common Salmonella serovars isolated from poultry, domestic animals and food stuff using multiplex PCR assay ［J］. Archives of Microbiology, 2018, 200 (7): 1009-1016.

［31］ SUN Q F, CHENG J H, LIN R Q, et al. A novel multiplex PCR method for simultaneous identification of hypervirulent *Listeria monocytogenes* clonal complex 87 and CC88 strains in China ［J］. International Journal of Food Microbiology, 2022, 366: 109558.

［32］ 季宝成, 杨澜瑞, 韩雨, 等. 动物源性食品兽药多残留检测中基质净化与液相色谱-质谱联用技术研究进展 ［J］. 轻工学报, 2023, 38 (5): 8-16.

［33］ JI B C, ZHAO W H, XU X, et al. Development of a modified quick, easy, cheap, effective, rugged, and safe method based on melamine sponge for multi-residue analysis of veterinary drugs in milks by ultra-performance liquid chromatography tandem mass spectrometry ［J］. Journal of Chromatography A, 2021, 1651: 462333.

［34］XU X, XU X Y, HAN M, et al. Development of a modified QuEChERS method based on magnetic multiwalled carbon nanotubes for the simultaneous determination of veterinary drugs, pesticides and mycotoxins in eggs by UPLC-MS/MS［J］. Food Chemistry, 2019, 276: 419-426.

［35］HOU X, XU X, XU X Y, et al. Application of a multiclass screening method for veterinary drugs and pesticides using HPLC-QTOF-MS in egg samples［J］. Food Chemistry, 2020, 309: 125746.

［36］XU X, ZHAO W H, JI B C, et al. Application of silanized melamine sponges in matrix purification for rapid multi-residue analysis of veterinary drugs in eggs by UPLC-MS/MS［J］. Food Chemistry, 2022, 369: 130894.

［37］季宝成, 韩雨, 杨澜瑞, 等. 改良 QuEChERs-超高效液相色谱-串联质谱法测定羊肉中 28 种药物残留［J］. 质谱学报, 2023, 44（3）: 442-451.

［38］JI B C, YANG L R, REN C Y, et al. A modified QuEChERS method based on a reduced graphene oxide-coated melamine sponge for multiresidue analysis of veterinary drugs in mutton by UPLC-MS/MS. Food Chemistry, 2024, 433: 137376.

［39］LI J, REN X, DIAO Y, et al. Multiclass analysis of 25 veterinary drugs in milk by ultra-high performance liquid chromatography-tandem mass spectrometry［J］. Food Chemistry, 2018, 257: 259-264.

［40］ZHU W X, YANG J Z, WANG Z X, et al. Rapid determination of 88 veterinary drug residues in milk using automated TurborFlow online clean-up mode coupled to liquid chromatography-tandem mass spectrometry［J］. Talanta, 2016, 148: 401-411.

［41］DASENAKI M E, THOMAIDIS N S. Multi-residue determination of 115 veterinary drugs and pharmaceutical residues in milk powder, butter, fish tissue and eggs using liquid chromatography-tandem mass spectrometry［J］. Anal Chim Acta, 2015, 880: 103-121.

［42］DA COSTA R P, SPISSO B F, PEREIRA M U, et al. Innovative mixture of salts in the quick, easy, cheap, effective, rugged, and safe method for the extraction of residual macrolides in milk followed by analysis with liquid chromatography and tandem mass spectrometry［J］. J Sep Sci, 2015, 38（21）: 3743-3749.

［43］WANG K, LIN K D, HUANG X W, et al. A Simple and Fast Extraction Method for the Determination of Multiclass Antibiotics in Eggs Using LC-MS/MS［J］. Journal of Agricultural and Food Chemistry, 2017, 65（24）: 5064-5073.

［44］WANG C F, LI X W, YU F G, et al. Multi-class analysis of veterinary drugs in eggs using dispersive-solid phase extraction and ultra-high performance liquid chromatography-tandem mass spectrometry［J］. Food Chemistry, 2021, 334: 127598.

［45］ LU Z L, DENG F F, HE R, et al. A pass-through solid-phase extraction clean-up method for the determination of 11 quinolone antibiotics in chicken meat and egg samples using ultra-performance liquid chromatography tandem mass spectrometry ［J］. Microchemical Journal, 2019, 151: 104213.

［46］ STEINER D, SULYOK M, MALACHOVA A, et al. Realizing the simultaneous liquid chromatography-tandem mass spectrometry based quantification of >1200 biotoxins, pesticides and veterinary drugs in complex feed ［J］. Journal of Chromatography. A, 2020, 1629: 461502.

［47］ LUO P, LIU X H, KONG F, et al. Simultaneous determination of 169 veterinary drugs in chicken eggs with EMR-Lipid clean-up using ultra-high performance liquid chromatography tandem mass spectrometry ［J］. Analytical Methods, 2019, 11 （12）: 1657-1662.

［48］ VIET H P, DICKERSON J H. Superhydrophobic Silanized Melamine Sponges as High Efficiency Oil Absorbent Materials ［J］. Acs Applied Materials & Interfaces, 2014, 6 （16）: 14181-14188.

［49］ SHEN R J, HUANG L J, LIU R Q, et al. Determination of sulfonamides in meat by monolithic covalent organic frameworks based solid phase extraction coupled with high-performance liquid chromatography-mass spectrometric ［J］. Journal of Chromatography A, 2021, 1655: 462518.

［50］ SHIRANI M, AKBARI-ADERGANI B, SHAHDADI F, et al. A Hydrophobic Deep Eutectic Solvent-Based Ultrasound-Assisted Dispersive Liquid-Liquid Microextraction for Determination of beta-Lactam Antibiotics Residues in Food Samples ［J］. Food Analytical Methods, 2022, 15 （2）: 391-400.

［51］ LIU W L, LI M C, JIANG H B, et al. High performance graphene-melamine sponge prepared via eco-friendly and cost-effective process ［J］. Journal of Nanoparticle Research, 2019, 21 （2）: 36.

［52］ ZHAO L, LUCAS D, LONG D, et al. Multi-class multi-residue analysis of veterinary drugs in meat using enhanced matrix removal lipid cleanup and liquid chromatography-tandem mass spectrometry ［J］. Journal of Chromatography A, 2018, 1549: 14-24.

［53］ CASEY C R, ANDERSEN W C, WILLIAMS N T, et al. Multiclass, Multiresidue Method for the Quantification and Confirmation of 112 Veterinary Drugs in Game Meat （Bison, Deer, Elk, and Rabbit） by Rapid Polarity Switching Liquid Chromatography-Tandem Mass Spectrometry ［J］. Journal of Agricultural and Food Chemistry, 2021, 69 （4）: 1175-1186.